Aus dem Traum in die Wirklichkeit

Mein Leben zwischen Indien und Deutschland

Eine Autobiografie

agenda

Hasmukh Bhate

Aus dem Traum in die Wirklichkeit

Mein Leben zwischen Indien und Deutschland

Eine Autobiografie

agenda Verlag
Münster
2010

Bibliografische Informationen der Deutschen Nationalbibliothek

Die Deutsche Nationalbibliothek verzeichnet diese Publikation in der Deutschen Nationalbibliografie; detaillierte bibliografische Daten sind im Internet über http://dnb.d-nb.de abrufbar.

Drubbel 4, D-48143, Münster
Tel.: +49(0)251-799610, Fax: +49(0)251-799519
www.agenda.de, info@agenda.de
Layout, Satz und Umschlaggestaltung: Julia Both und Sven Solterbeck

Druck &Bindung: DIP, Witten

ISBN 978-3-89688-429-9

Für Jutta und Sunita-Nicole

Inhalt

Einleitende Gedanken

Ich wollte nie ein Buch schreiben. Nicht einmal in meiner tollkühnsten Phantasie hätte ich mir solch ein Unternehmen zugetraut. Wenn ich auch überzeugt bin, dass mein Leben keinen alltäglichen Verlauf genommen hat. Erst jetzt, im Alter von 68 Jahren, ist mir der Gedanke gekommen, dass meine Autobiografie auch für andere interessant sein könnte.

In erster Linie schreibe ich allerdings für mich selbst. Lange vergangene Bilder und Szenen tauchen wieder auf. Ich erinnere mich und ziehe Bilanz.

Auch für meine Tochter wird es vielleicht von Bedeutung sein, anhand dieses Leitfadens ein Stück in meine Vergangenheit zurückwandern zu können, wenn ich einmal nicht mehr bin. Sie erhält die Chance, nachträglich manche meiner Verhaltensweisen besser nachvollziehen zu können.

Ich habe mir beim Schreiben keinen Zwang auferlegt, bin keinem System gefolgt. Das, was mir spontan einfiel, habe ich mir genauer zu vergegenwärtigen versucht.

Eine allgemein bekannte Form der autobiografischen Dokumentation ist regelmäßiges Tagebuchschreiben.

Die Entwicklungspsychologin Inge Seiffge-Krenke nennt in einer Untersuchung von 1985 fünf Hauptfunktionen, die das Tagebuchschreiben erfüllt:

Erinnerung, emotionale Entlastung, Selbstintegration, Selbstkritik sowie die Funktion des Tagebuchs als Vertrautem.

Die genannten Kriterien ordne ich meiner Lebensbeschreibung durchaus zu. Der einzige Unterschied ist, dass ich mich nicht an das vertraute Tagebuch, sondern an die potentiellen Leser dieses Buches wende.

Als ich jung war, habe ich die Situationen und Konflikte meines Lebens kaum reflektiert. Dieses neue Bedürfnis mag ein Aspekt des Älterwerdens und der beendeten beruflichen Laufbahn sein. Ein leerer Raum öffnet sich, der gefüllt werden will.

Ich möchte vereinzelte Erinnerungen in den Rahmen eines Ganzen bringen und sie darin ordnen: Auf diese Weise will ich das Gesamtbild eines Lebens – meines Lebens – herstellen und es für mich und andere dauerhaft sichtbar (lesbar) machen. Der aufmüpfige Gedanke, dass nicht allein das Leben der Stars und Berühmtheiten, sondern auch meines wert ist, aufgeschrieben und gelesen zu werden, spielt ebenfalls eine Rolle.

Während der Arbeit und der damit einhergehenden Gespräche mit meiner Frau spürte ich, welch eine Gratwanderung eine solche „Selbstoffenbarung“ beinhaltet. Was bringe ich an den Tag? Was verschweige ich von mir und den Menschen, mit denen ich gelebt habe und noch immer lebe? Verletze oder urteile ich? Bin ich exhibitionistisch? Wo trifft meine Ehrlichkeit auf Unverständnis und Missverständnis? Mit dieser Veröffentlichung mache ich mich in jedem Fall verletzlicher. Ich setze mich möglichem Mangel an Respekt aus.

Beim Lesen des Buches wird auffallen, wie ausführlich ich Daten meiner beruflichen Schritte und Erfolge darlege. Ein Deutscher mag dies als peinlichen Aspekt meiner Eitelkeit empfinden. Er würde eher tiefer als hoch stapeln wollen. Deutsche bevorzugen statt der Übertreibung die Untertreibung: Das „Understatement“. Ein Deutscher sagt: „Das ist mir nicht übel gelungen.“ Ein Inder setzt dagegen: „Ich war großartig. Alle fanden mich sensationell.“ Welchen Wert die Inder Titeln und Leistungen generell beimessen, das erkennt man beim Anblick einer indischen Visitenkarte oder eines Berufsschildes. Jede abgelegte Prüfung, jede Graduierung, jede Spezialisierung, jede Weiterbildung wird aufgeführt. Die Besitzer präsentieren sich ganz unbefangen im Glanz ihrer Erfolge und beanspruchen damit Anerkennung und höheres Entgelt für ihre Dienste. Die Selbstdarstellung beruflicher Leistungen hängt mit der hierarchischen Struktur der indischen Gesellschaft zusammen. Sie beweist, wie hoch man auf der Stufenleiter gestiegen ist und welche Respektbezeugungen einzufordern sind. Bescheidenheit wäre hier fehl am Platz, andernfalls würde man geringer eingeschätzt und geachtet.

Es scheint mir nicht übertrieben, von einem naiven Narzissmus zu sprechen, der vielleicht nur noch von den Österreichern und ihrer Titelsucht übertroffen wird.

Der Fokus der Darstellung meines beruflichen Lebens zeigt über den genannten Aspekt hinaus, wie wichtig die Arbeit für mich ist. Gerade die medizinische Tätigkeit berührt zwei Funktionen: die intellektuelle und die soziale. Die Verbindung beider war für mich sinngebend und erfüllend.

Bei der Lektüre meiner Biografie wird sich vor den Augen des Lesers ein Bild Indiens formen. Es ist ein individuell geprägtes Bild. Ich beanspruche keine Objektivität, wenn es sie denn überhaupt gibt. Wenn ich etwas verdeutlichen will, muss ich teils schwarz-weiß malen, teils verallgemeinern. Deshalb differenziere ich nicht. Und doch gibt es Realitäten und Tendenzen, die man in der reichhaltigen Literatur über dieses Land wiederfinden kann.

Hinzu kommen die Unterschiede zwischen Stadt und Land, die heute noch gravierender sind als vor fünfzig Jahren. Vor allem eine Stadt wie Mumbai verändert sich rasant. Sie ist von westlichen Einflüssen wesentlich mehr geprägt – negativ wie positiv – als die Dörfer auf dem Land. Das heutige Mumbai ist nicht die Stadt, die ich als Kind kannte.

Ich lebe schon lange nicht mehr in Indien. Wenn ich zu Besuch komme, kann ich die Veränderungen nur sporadisch beobachten und vorsichtig beurteilen. Das Meiste erfahre ich aus den Medien oder aus Berichten von Freunden.

In meinem Buch will ich nichts schönreden, aber auch nichts abwerten. Es wäre viel erreicht, wenn ich ein wenig zum besseren Verständnis indischer Lebensart beitragen könnte.

Natürlich stellt sich meine Biografie als ein Puzzle von „Stücken“ dar: Erfahrungen, Begegnungen, Misserfolge, Erfolge, Trennungen, Abschiede, Verluste, Krankheiten und Höhepunkte. Aber sie ist nicht nur eine Addition, ein Zusammensetzen von Ereignissen. Aus den vielen Einzelheiten entsteht etwas qualitativ Neues, das mehr ist als die bloße Summe. Das Ganze ist mehr als die Teile.

Dr. Hasmukh Bhate
Simmerath 2010

1. Kapitel

Eine indische Kindheit

Im Kriegsjahr 1942 wurde ich, am 25. April, frühmorgens um 00.30 Uhr, in Barsi/Indien im Haus meiner Großeltern geboren. Mein Vater befand sich zu jener Zeit in Mumbai. Er konnte bei der Geburt nicht anwesend sein. Daher meldete einer seiner jüngeren Brüder, mein Onkel Sunderji Bhate, am nächsten Tag im Rathaus, dass die Eheleute Dayalal und Rambha Bhate einen Sohn bekommen hatten.

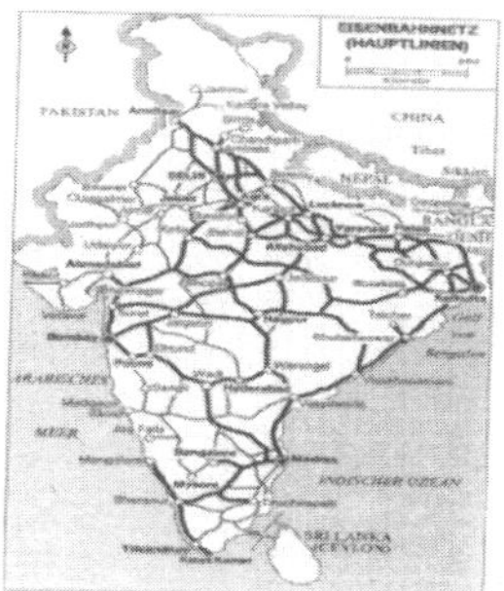

Bild 1: Landkarte Barsi/Indien

Bild 2: Mein Geburtshaus

Unmittelbar nach der Geburt wird in Indien das Geburtshoroskop erstellt. Die Berechnung erfolgt nach Geburtsdatum, Geburtszeit und Geburtsort. Aufgrund der Sternkonstellation wurde ein Name empfohlen, der mit H oder D beginnt. Da ich ein ruhiges, oft lächelndes Baby war, wählten meine Eltern den Namen „Hasmukh“. Das bedeutet „lächelndes Gesicht“.

Über den Inhalt des Horoskops wurde mir bis heute nicht viel mitgeteilt. Man wollte verhindern, dass ich mich in meinen Entscheidungen durch Vorhersagen manipulieren oder negativ beeinflussen ließ. Erst als ich in Deutschland lebte, erzählten mir meine Eltern, was der Priester gesagt hatte: „Ihr Sohn wird im Ausland studieren und Arzt oder Rechtsanwalt werden. Als Arzt wird er nicht reich, aber anerkannt, als Rechtsanwalt dagegen wohlhabend sein.

Meine Eltern hatten am 7. Mai 1938 nach hinduistischem Ritus geheiratet. Er war neunzehn, sie vierzehn Jahre alt. Es war eine von ihren Eltern arrangierte Ehe.

Bild 3: Mein Vater Dayalal Virji

Bild 4: Meine Mutter Rambha Dayalal

Meine Mutter stammte aus Karad im Distrikt Satara. Sie wohnte mit ihren Eltern in einer Neubausiedlung, die von aufstrebenden Geschäftsleuten bevorzugt wurde. Als sie zehn Jahre alt war, starb ihre Mutter, infolge der Geburt eines zweiten Kindes, an einer unstillbaren Blutung.

Dieses Kind war daheim, mit Hilfe einer Hebamme, entbunden worden. Hausgeburten waren in Indien üblich. Ins Krankenhaus ging man nur in Notfällen. Ein Frauenarzt kam nur bei schweren Komplikationen. Es dauerte meist lange, bis er eintraf. Auch in diesem Fall hätte er ein Fahrrad oder eine Pferdekutsche gebraucht. So starb meine Großmutter aufgrund einer, nach heutigen Maßstäben, unzureichenden medizinischen Versorgung.

Nach ihrem Tod begann für meine Mutter eine sehr schwere Zeit. Es war das Ende ihrer Kindheit. Sie konnte nicht mehr zur Schule gehen, da sie nun die Rolle der Hausfrau und Mutter einnehmen musste. Es galt zu waschen, zu putzen und die kleine Schwester zu versorgen. Vor allem aber musste sie den emotionalen Verlust der Mutter verschmerzen.

Einige Jahre später heiratete mein Großvater ein zweites Mal. Aus dieser Ehe gingen neun weitere Kinder hervor.

Mein Vater kam aus Barsi. Seit ihrer Hochzeit wohnte auch meine Mutter dort, gemeinsam mit ihren Schwiegereltern und fünf Schwägern. Söhne sind zuständig für die Sozial- und Altersversorgung. Mit ihren Ehefrauen stehen sie in der Verantwortung für die wirtschaftliche Unterstützung der alten, kranken und schwachen Eltern. Sie leben mit ihnen zusammen. Manchmal in einem Haushalt, dem mehrere Brüder mit ihren eigenen Familien angehören. Bieten das Haus oder die Wohnung genügend Platz, dann hat jedes Paar seine eigene Küche. Schlafzimmer sind seltener. Man legt in den größten Raum abends Matratzen, die man während des Tages in einer freien Ecke stapelt. Viele indische Männer verlassen ihre Eltern bis zu deren Tod nicht. Töchter hingegen gehören nach der Hochzeit in die Familie des Ehemannes. Nach der Hochzeitszeremonie verabschiedet sich die Braut von ihren Eltern und Geschwistern.

Meine Mutter lebte also in Barsi, während mein Vater in Mumbai Polizeidienst leistete. Er kam nur manchmal nachhause.

Das erste Kind starb nach einer Fehlgeburt im siebten Schwangerschaftsmonat. Meine Mutter war sechzehn Jahre alt und nicht aufgeklärt. Sie erzählte später: „Ich verlor das Kind vielleicht, weil ich körperlich hart arbeiten musste. Die Blutungen setzten ein, aber ich verstand nicht, was mit mir geschah. Nachdem ich das Kind verloren hatte, weinte ich oft heimlich. In der Familie sprach man kaum über den Verlust."

Bei meiner Geburt war Mutter achtzehn Jahre alt. Es folgten noch zwei Brüder (Dilip und Hemant) und eine Schwester (Usha). Ich lebte mit meiner Mutter und der Familie meines Vaters bis 1944 in Barsi.

Mein Großvater besaß ein Restaurant unterhalb unseres Wohnbereiches, das ungefähr dreißig Gästen Platz bot. Er saß täglich an der Kasse und kontrollierte den Betrieb. Oft nahm er mich mit. Er ließ mich dann stundenlang auf seinem Schoss sitzen. Stolz über dieses Privileg schaute ich dem bunten Treiben zu. Manchmal durfte ich sogar Geld entgegen nehmen oder Wechselgeld zurückgeben.

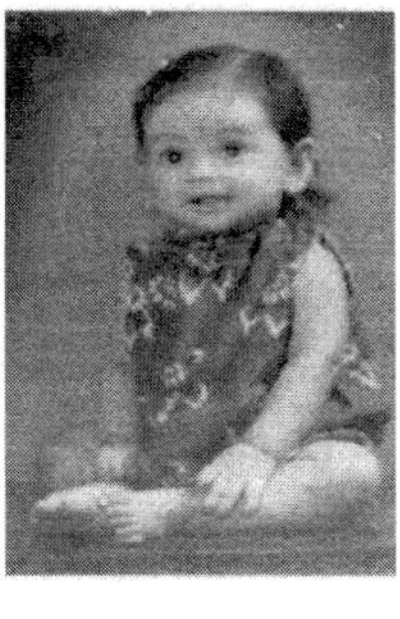

Bild 5: Hasmukh 1944

Barsi liegt etwa 430 km südöstlich von Mumbai und 250 km von Poona entfernt im Staat Maharashtra. Das Klima hier schwankt im Winter wie im Sommer zwischen 20 und 40 Grad. Es herrscht eine trockene Hitze. Da der Großteil der Bevölkerung von der Landwirtschaft lebt und diese von den Regenfällen abhängig ist, leben zahlreiche Menschen in Armut. Die Einwohnerzahl von Barsi liegt heute bei nahezu einer Million. Aber 53% der Bevölkerung sind Analphabeten.

Die Infrastruktur der Stadt wurde im Laufe der Zeit verbessert. Verkehrsverbindungen, Transportmöglichkeiten mit Bus und Bahn sowie Elektrizitätsleitungen wurden ausgebaut, Krankenhäuser und Schulen, Colleges, Postämter, Banken und Wohnhäuser neu errichtet.

1944 holte mein Vater uns nach Mumbai. Er arbeitete unter der englischen Herrschaft als Subinspektor. Man stellte ihm eine Dienstwohnung zur Verfügung. Sie war für die damalige Zeit recht groß, etwa 80 bis 100 qm. Sie bestand aus einem großen Wohnzimmer, einem Schlafzimmer, einem Kinderzimmer, einer Küche und einem Bad. Zum Vergleich: Noch heute lebt der größte Teil der Inder mit bis zu 10 Personen in einem Raum.

Bild 6: Britischer Dienstausweis meines Vaters

Mumbai war während des Zweiten Weltkriegs Waffenumschlagsplatz. Mein Vater arbeitete als Polizeiinspektor im Hafen. Eines Tages ereignete sich an Bord eines der Schiffe, die Waffen nach Europa brachten, eine gewaltige Explosion. Die Detonation war so gewaltig, dass die Büromöbel im Zimmer umstürzten. Mein Vater suchte in Panik Schutz unter einem Schreibtisch. Es gab dann mehrfach größere und kleinere Explosionen. Schiffe, Gebäude und nahe gelegene Häuser brannten lichterloh. Menschen rannten hin und her. Es gab Tote und Verletzte. Sogar das Meerwasser kochte. Verbrannte Fische trieben an der Oberfläche. Der Lärm war so gewaltig, dass man ihn bis in die Vorstädte hinein hören konnte.

Meine Mutter war tief besorgt. Sie stand mit mir – ich war gerade drei Jahre alt – wartend am Fenster. Sie befürchtete, ihr Mann könnte tödlich verletzt worden sein. Normalerweise hatte er um 18.00 Uhr Dienstschluss. An diesem Tag aber kam er erst spät nach Mitternacht – aufgelöst und entsetzt über die unerwartete Katastrophe.

Das Erlebnis beschäftigte ihn, aber auch meine Mutter, nachhaltig. Es war ein Trauma, das er noch fünfzig Jahre später, bei einer Feier vor vielen Menschen, erwähnte. Damals war er erstmals direkt mit dem Tod konfrontiert worden.

Am 15. August 1947 erlangte Indien seine Unabhängigkeit. Zu diesem Anlass wollte mein Vater mich fotografieren und zwar mit der indischen Flagge. Wir gingen in ein Fotofachgeschäft, wo die entsprechenden Utensilien zur Verfügung standen. Er war immer ein politisch interessierter Mann gewesen. Ich kannte ihn als täglichen Zeitungsleser. Da er für die britische Kolonialmacht arbeitete, stand er natürlich ständig in Berührung mit deren Organisation und Verwaltungsapparatur, wovon er sehr angetan war. Durch die Engländer bekam er auch Einblick in die westliche Lebensweise. Weihnachts- und Geburtstagsfeiern, Sport, Kleidung, Alkohol- und Fleischgenuss gehörten dazu.

Als Indien seine Unabhängigkeit erlangte, empfand er einen unbändigen, patriotischen Stolz. Obwohl er sonst keine

Bücher las, kaufte er sich nun eine Biografie über Jawaharlal Nehru, den ersten Ministerpräsidenten des Landes. Zeitlebens verehrte er die Familien Gandhi und Nehru.

Bild 7: Hasmukh 1948

Am 26. Januar 1950 wurde die indische Verfassung konstituiert. Die Bürger der indischen Republik feiern den Tag noch heute als den Geburtstag ihrer Demokratie.

Wie labil die Situation des unabhängig gewordenen Landes allerdings war, wurde der indischen Bevölkerung schon am 30. Januar 1948 schlagartig vor Augen geführt, als der Vater der Nation, Mahatma Gandhi, der Vertreter des gewaltlosen Widerstandes, von einem fanatischen Hindu erschossen wurde.

Die Ermordung Gandhis war für viele Inder ein schwerer Schock. Die Todesnachricht wurde über die Medien rasch verbreitet. Man befürchtete, religiöse Spannungen und separatistische Bestrebungen unter Hindus und Moslems könnten eskalieren.

Meine Eltern teilten damals die Angst vor politischen Unruhen. Die Polizei wurde in Alarmbereitschaft versetzt und mein Vater hatte ständig Dienst.

Alle waren entsetzt, schockiert und traurig. Wir weinten bitterlich. Es war für uns, als wäre ein sehr nahestehender und geliebter Mensch gestorben. Gleichzeitig sahen wir uns in unserer Trauer mit Tausenden von Indern vereint.

Wir wohnten damals an der Marine Drive in Gopal Mansion. Die 3 km lange und über 40 m breite Küstenstraße „Marine Drive“ wurde erst um 1940 dem Meer abgerungen. Die sechsspurige Straße gilt noch heute als Prachtstraße Mumbais, mit einer Esplanade am Meer für Fußgänger. Wir gingen regelmäßig am Wochenende dort spazieren.

Abends ist die Straße hell beleuchtet. Im nördlichen Teil gibt es einen Sandstrand (Chowpatti), der gesäumt ist von vielen kleinen Verkaufs- und Erfrischungsständen, wo man frische Kokosmilch und Kokosnüsse genießen kann.

Am Wochenende blieb in vielen Haushalten die Küche kalt. Auch wir gingen jeden Samstag und Sonntag nach Chowpatti Beach zum Essen.

An einem Wochenende spazierte ich dort mit meiner Mutter und einer Verwandten am Meer entlang. Dabei verlor ich meine Mutter aus den Augen. Die Promenade war voller Menschen. Man macht sich in Deutschland kaum eine Vorstellung von dem Getümmel in den indischen Städten. Ich geriet in Panik, fing an zu weinen und fühlte mich völlig hilflos.

Plötzlich kam ein Mann auf mich zu. Er fragte, warum ich weinte. Er beruhigte mich, führte mich in ein nahegelegenes Restaurant und erkundigte sich nach meinem Namen und meiner Adresse. Ich wusste allerdings nicht, wie unsere Straße hieß. Aber ich konnte sie immerhin annähernd beschreiben. Offenbar richtig. Nachdem er mir etwas zu essen bestellt hatte, brachte er mich nachhause. Meine Mutter hatte mich inzwischen am Strand gesucht und meinen Vater in seiner Dienststelle benachrichtigt. Er riet, weitere Maßnahmen erst zu ergreifen, wenn ich bis zum Abend nicht wieder aufgetaucht wäre. Meine Mutter schloss mich glücklich in die Arme, als mich der hilfsbereite Mann schließlich bei ihr ablieferte. Sie war so erleichtert, dass sie nicht einmal mit mir schimpfte.

Mit fünf Jahren kam ich in den Kindergarten der Bazargate High School. 1948 wurde ich dann eingeschult. Auf die Frage nach meinem Geburtsdatum gab mein Vater den 24. März 1942 an. Er hatte mich spontan einen Monat älter gemacht. Eine Geburtsurkunde lag nicht vor. Das war damals nicht erforderlich. Da mein Geburtsdatum mit dem Stichtag der Einschulung übereinstimmte, durfte ich ein Jahr früher die Schule besuchen. Man hat damals in Indien nicht nach Dokumenten gefragt. So konnten Privatpersonen Daten nach Wunsch manipulieren.

Meinen Geburtstag feiere ich folgerichtig immer im April, auch wenn in Pass und Personalausweis das Märzdatum steht.

Das Schulsystem in Indien war britisch und vom indischen Staat nach der Unabhängigkeit übernommen worden. In diesem System gab es keinen Unterschied zwischen der Grundschule und den weiterführenden Schulen. Es gab nur eine Art Gesamtschule.

Nach 11 Jahren Schulbesuch konnte man mit der SSCE (Secondary School Certificate Examination) abschließen. Sie war mit einem Realschulabschluss in Deutschland vergleichbar. Danach folgten zwei Jahre College, die mit dem Intermediate Science beendet wurden. Das entsprach etwa dem deutschen Abitur. Weitere zwei Jahre führten zum „Bachelor". Nach vier Jahren konnte man dann den „Master" machen.

Seit der Unabhängigkeit herrscht in Indien Schulpflicht. Es gibt staatliche Schulen, Colleges und Universitäten. Daneben existieren zahlreiche private Ausbildungsinstitute. Wenn Inder finanziell dazu in der Lage sind, bevorzugen sie für ihre Kinder die letzteren. Diese kosten zwar viel Geld, bieten aber den Vorteil besserer Ausstattung und Qualität. Außerdem vermitteln sie gute Englischkenntnisse. Die Bildungsangebote der christlichen Kirchen stehen auch Nichtchristen offen und genießen einen guten Ruf.

In die Schule ging ich gerne. Mit Lehrern und Mitschülern verstand ich mich gut. Sprachen allerdings lagen mir nicht. Ohne Englisch, Hindi und Sanskrit wäre das Leben leichter gewesen.

Bereits im Alter von zehn Jahren hatte ich einen Traum. Ich wollte Arzt werden und Menschen helfen. Wann dieser Wunsch zum ersten Mal auftauchte, weiß ich nicht. Vielleicht motivierten mich zahlreiche Beobachtungen und Erfahrungen. Fest steht, dass ich etwas von dem Prestige spürte, dass dieser Beruf in Indien genoss. Ich war fasziniert von der Magie der Macht, die dem Heiler zugesprochen wurde und an der ich Anteil haben wollte.

Ob dabei eine Rolle spielte, dass ich körperlich Kräftigeren in der Regel unterlegen war? Als Kind wurde ich einige Male von älteren Jungen bedroht und erpresst. Hätte ich meinen Vater informiert, so wäre ich für mein „Petzen" noch schlimmer bestraft worden. Angst und Ohnmacht mussten ausgehalten werden, bis die Angreifer ihr Interesse an mir verloren. Möglicherweise habe ich das Streben nach Macht und Überlegenheit unbewusst aus dem körperlichen Bereich auf die Ebene der Intelligenz verlagert. Der Arztberuf ist einer der höchstbewerteten Berufe in Indien. Er verspricht Ansehen und Wohlstand. Für meine Eltern war beides sehr wichtig. Ich glaube, dass ich, ohne darüber nachzudenken, ihre Ansichten verinnerlicht habe. Zudem stellten sie hohe Erwartungen an meine Leistungen. Wie hätte ich sie besser erfüllen können, als mit dem Wunsch, Arzt zu werden?!

Ein zweiter wesentlicher Punkt war wohl, dass ich von meinem Wesen her freundlich war und gerne half. Diese natürliche Neigung verstärkte sich im Laufe der Zeit. Ich sah, dass ich wegen meiner Hilfsbereitschaft und meines sympathischen Wesens beliebt war. Hinzu kam die Erfahrung, dass die Freude, die man schenkt, zum Geber zurückkehrt.

Ich war ein Kind, wie es sich Eltern wünschten, unkompliziert, freundlich, hilfsbereit, angepasst. Ich war fleißig und brachte immer gute Noten nachhause. Ich konnte sogar zwei Freunde, die faul und lernunlustig waren, dazu bewegen, sich in der Schule anzustrengen und bessere Noten zu erstreben. Insofern entsprach ich auch dem positiven Bild des ältesten Sohnes, der in einer indischen Familie als Nachfolger des Vaters Autorität und Verantwortung für die Familie übernehmen sollte.

Bild 8: Hasmukh und Dilip

Bezüglich der Geburt meines Bruders berichtete meine Mutter mir einmal folgende Geschichte: Beim ersten Besuch im Krankenhaus forderte ich sie sehr verärgert auf, Dilip nicht nachhause zu bringen, sondern wegzugeben. Statt ihn auf den Arm zu nehmen, schubste ich ihn zur Seite und hätte ihn fast auf den Boden geworfen. Meine Mutter, die weiteren Ärger befürchtete, befahl daraufhin der Kinderfrau, sie sollte mit mir sofort nachhause gehen. Ich erinnere mich zwar selbst nicht an diese Episode, schließe aber aus der Erzählung meiner Mutter, dass ich meinen Bruder als bedrohliche Konkurrenz empfunden habe.

Mit den Jahren lernte ich aber, meine Einstellung zu ändern, auf meine jüngeren Geschwister aufzupassen und Verantwortungsbewusstsein zu entwickeln. Dass meine Eltern mir vertrauten, zeigte sich darin, dass sie mir auftrugen, während des langen Schulwegs auf die Kleinen aufzupassen.

Wie schwer diese Aufgabe war, lässt sich ermessen, wenn man die Menschenmassen und Verkehrsverhältnisse in Mumbai kennt. Die Züge und Busse quellen über von Fahrgästen, die Menschen hängen wie Trauben an den Trittbrettern und hocken sogar auf den Dächern der fahrenden Züge.

Mit der linken Hand hielt ich meine Schwester fest, mit der rechten meinen Bruder. Ich durfte sie keinen Augenblick loslassen, sonst hätte ich sie im Gewühl verloren. Auch in den Zug mussten alle drei gleichzeitig einsteigen, sonst wäre einer zurückgeblieben. Die Züge hielten nur kurz. Es kam durchaus vor, dass wir einen Zug verpassten. Ich hatte oft Herzklopfen. Die Angst, der Lage nicht gewachsen zu sein, war groß.

Unser Schulweg umfasste zunächst über 20 Minuten Fußmarsch bis zum Bahnhof. Dann folgten 40 Minuten Zugfahrt. 20 Minuten Fußweg vom Bahnhof bis zur Schule schlossen sich noch an. Unsere Eltern besorgten uns Monatskarten für die erste Klasse. Wenn dort kein Platz mehr war, stiegen wir ins Damenabteil. Dies war uns als Kindern erlaubt, obwohl wir männlichen Geschlechts waren.

Einmal war der Schnellzug so überfüllt, dass ich auf dem Trittbrett hängen blieb. Die Bahn fuhr los und ich konnte mich nur mit einer Hand an einem Griff festhalten. Fast acht Minuten dauerte es bis zur nächsten Station. Es schien eine Ewigkeit zu dauern, bis der Zug hielt und ich abspringen durfte. Es bedurfte eine geraume Zeit, bis mein Herz wieder ruhig schlug und ich mich soweit von dem Schrecken erholt hatte, dass ich unbeschwert weiterfahren konnte. Natürlich kam ich an diesem Tag verspätet zum Unterricht.

Wir Kinder hatten unterschiedliche Kindheiten. Wir durften eigene Interessen und Talente entwickeln. Ich lernte gerne, war ein begeisterter Cricketspieler und –zuschauer. Cricket spielt in Indien eine ähnliche Rolle wie Fußball in Deutschland. Ich imitierte gerne Radioreporter und gab vor Freunden und der Familie Cricketreportagen wieder. Ich liebte indische Filmmusik und sang auch selbst bei privaten Feiern. Da mein Vater es wünschte, trat ich eines Nachmittags bei einer offiziellen Feier hoher Polizeibeamter mit einem Filmsong auf. Ich begleitete mich dazu selbst auf dem Harmonium. Die erste Strophe klang wunderbar. Aber bei der zweiten verlor ich plötzlich meine Stimme. Obwohl man mich immer wieder ermunterte, fühlte ich mich so beschämt, dass ich nie wieder auftrat.

Ein religiöser Unterricht fand nicht statt. Indien ist ein Säkularstaat. Die Strukturen des Hinduismus erlauben keine Kirche, kein institutionalisiertes Lehrgebäude mit verpflichtenden Dogmen oder Wahrheiten. Der Hinduismus ist ein gewachsenes Nebeneinander unterschiedlichster Weltanschauungen, wo Polytheismus, Monotheismus, Atheismus u.a. Platz finden. Wenn religiöse Erziehung gepflegt wird, dann innerhalb der Brahmanenkaste. Brahmanen sind Priester und geistliche Lehrer. Wenn sie heiraten und Söhne bekommen, dann wird das traditionelle Wissen an diese weitergegeben.

Ein Ort religiösen Lebens und Lehrens ist der Ashram, eine Wohngemeinschaft. Er wird geleitet von einem erleuchteten Lehrer (Guru), um den sich Anhänger und Jünger (Sanyasins) scharen. Sie leben mit ihm in Gemeinschaft, kümmern sich um seine Nahrung und sein körperliches Wohlergehen. Sie lauschen täglich seinen Worten, empfangen seinen Segen und seine Weisungen. Die Dauer ihres Aufenthalts im Ashram ist sehr verschieden. Es kann sich um kurze Besuche handeln. Sie können sich aber auch über Wochen, Monate und Jahre, bis hin zu lebenslangem Bleiben, erstrecken.

Es gibt kleine Ashrams, die nur wenige Bewohner zählen, und solche, die in ihrer Größe einem Dorf gleichen. Ihr lebendiger Mittelpunkt ist stets der Guru.

Alle Hindus verbindet der Glaube an die Reinkarnation (das Rad der Wiedergeburten) und das ewige Gesetz von Ursache und Wirkung, welches sich im Begriff des Karma niederschlägt.

Religion wird im indischen Alltag ganz selbstverständlich gelebt, mit einer Vielzahl von Ritualen und Festen, die kaum hinterfragt werden. Jede Familie hat ihren eigenen Hausaltar, an welchem sie den Göttern kleine Opfer darbringt. So war es auch in meiner Familie. Täglich verrichteten meine Eltern vor ihrem Altar ein Gebet (Puja). Das Götterbild wird liebevoll mit Gaben gespeist (Süßigkeiten, Früchte, Kokosnüsse), rituell gebadet, bekleidet sowie mit Blumen und Räucherwerk verehrt. Man rezitiert Texte aus heiligen Schriften und Mantras (kurze religiöse Gesänge mit häufigen Wiederholungen).

Bild 9: Hausaltar

Bild 10: Shri Nathji, Shri Thakorji, Shri Yamunaji

Der Familienschrein ist das heilige Zentrum des Hauses. Er nimmt manchmal einen ganzen Raum ein, mit Altar, Bildern und Statuen. Doch auch eine einfache Tulsi (basilikumähnliche Pflanze), die Vishnu geweiht ist, kann genügen.

An meine frühe Kindheit habe ich nur wenige reale Erinnerungen. Es gibt ein paar Episoden, Erzählungen, die mir berichtet wurden. Ich selbst erinnere mich nur diffus. Bewusste Erinnerungen setzen erst mit der Schulzeit ein, welche sich insgesamt in Mumbai abspielte. Wenn aber die großen Ferien begannen, fuhren wir regelmäßig zu unseren Großeltern väterlicherseits und mütterlicherseits nach Barsi oder Karad. Wunderschöne Tage habe ich dort verbracht. Mein Onkel lehrte mich das Radfahren. Wir hatten die Möglichkeit, Ausflüge und Picknicks mit Onkel und Tanten zu machen. Abseits der hektischen Großstadt mit ihren stinkenden Autos genossen wir hier ein ungebundenes Leben in der Natur. Mein Onkel lehrte mich auch das Schwimmen. Zu meinem Erstaunen aß er Gemüse und Kartoffeln roh. Ich lernte, dass rohes Gemüse gesund für Zähne und Körper ist.

Mein Großvater mütterlicherseits handelte mit Erdnüssen, Getreide und braunem Rohrzucker. Wenn neue Lieferungen eintrafen, lagen auf dem Hof riesige Berge ungeschälter Erdnüsse. Wir durften auf diese Haufen klettern. Dabei durften wir so viel Nüsse und Rohrzucker essen, wie wir wollten und konnten. Bis heute liebe ich Erdnüsse.

In unserer Freizeit spielten wir häufig Cricket. Dazu brauchten wir viel Platz. Wir suchten deshalb weitläufige Parks mit Rasenflächen auf. Wenn es nicht anders ging, spielten wir notgedrungen auf der Straße. Cricket wurde von den Engländern nach Indien gebracht. Es hat dort eine ähnliche Bedeutung erlangt wie Fußball in Deutschland. Man braucht zwei Mannschaften von je elf Personen, einen Schlagstock und einen Ball. Ich will an dieser Stelle nicht die Regeln erklären, sondern nur feststellen, dass man schnell rennen, flink reagieren und Ballgefühl haben muss, um ein guter Cricketspieler zu sein.

Wir Kinder spielten gerne mit Glasmurmeln, Spielkarten und Bällen (Tischtennis). Wir ließen Drachen steigen und sammelten, je nach Modetrend, unterschiedliche Gegenstände: zum Beispiel Briefmarken, Münzen oder Zigarettenschachteln.

Besonders beliebt bei Kindern, Jugendlichen und Erwachsenen ist Carrom. Es ist ein Brettspiel, das in Indien, Pakistan und Sri Lanka weit verbreitet ist. Eine Variante des Tischbillards. Die Spielfläche des Carrom Boards ist glatt und furniert. Man spielt mit neun weißen, neun schwarzen und einem roten Stein, der „Königin“ genannt wird. Hinzu kommt ein Schlussstein. Dieses Spiel kann mit zwei oder vier Personen gespielt werden. Es erfordert eine manuelle Zielgeschicklichkeit.

Ich habe Carrom in Deutschland für mich und die Kinder gekauft. Es fand bei ihnen Anklang. Sie luden oft benachbarte Freunde zum Spielen ein.

Bei meinen Nichten und Neffen beobachtete ich, dass ihnen nur wenig Freizeit blieb und sie kaum spielen durften.

Das Lernen für die Schule beanspruchte den Großteil ihrer Zeit. Aus diesem Grund weigerte sich meine Mutter, Puzzles als Geschenke mit nach Mumbai zu nehmen. „Um Gottes willen, dann würden sie ja abgelenkt und spielen, statt zu lernen", wehrte sie entsetzt ab.

Laut Armin Krenz ist erstens das Spiel von ganz entscheidender Bedeutung für die Persönlichkeitsentwicklung eines Kindes, zweitens der Nährboden für einen darauf aufbauenden Erwerb von notwendigen schulischen sowie beruflichen Fähigkeiten, und drittens gibt es einen deutlichen Zusammenhang zwischen Spiel- und Schulfähigkeit.

Insofern habe ich reichlich Möglichkeit gehabt, Kreativität zu entwickeln. Ich lernte, mich mit anderen zu messen und fair zu spielen.

Da mein Vater oft dienstlich versetzt wurde, zogen wir mehrmals um. So lernte ich verschiedene Vororte von Mumbai kennen: Kalbadevi, Crawford Market, Ghatkopar, Agripada (Maha Lakshmi) und schließlich Shivaji Park - Mahim, wo heute noch mein jüngster Bruder lebt.

Von 1951 bis 1954 wohnten wir in Ghatkopar, in einer Siedlung, die in der Nähe eines moslemischen Friedhofs lag. Täglich beobachtete ich vom Fenster aus Prozessionen, die einen Leichnam zum Friedhof geleiteten. Der Anblick weckte in mir Angst und Grauen. Ich träumte häufig von den Toten.

Am schlimmsten war es, wenn in meinen Träumen meine Eltern starben: Ein Ereignis, das in der Welt eines Kindes nicht geschehen darf und dessen Möglichkeit tiefes Entsetzen auslöst. Meinen Eltern gegenüber habe ich nichts von meinen Ängsten geäußert. Sie hätten mir da ja keine Sicherheit geben können. Mit dem Älterwerden verdrängte ich die Realität des Todes. Erst als Erwachsener lernte ich, während des Studiums, offener und gelassener damit umzugehen.

Hinter unserer Wohnsiedlung lag eine große Wiese, auf der viele Sträucher wuchsen. Neugierig, wie wir waren, probierten wir eines Tages die Früchte des Goldregens. Ihr Geruch erinnerte uns an Lakritze. Kaum eine Stunde war vergangen, da wurde uns schrecklich übel. Brechreiz, Leibschmerzen, Schwitzen und Speichelfluss folgten. Einem Freund ging es so schlecht, dass er direkt ins Krankenhaus eingeliefert werden musste. Ich quälte mich während der nächsten zwei Stunden zuhause. Meine Mutter war sehr besorgt, rief aber keinen Arzt, da ich mich relativ schnell wieder erholte. Ich hatte keine größeren Mengen gegessen. Wir zogen aus diesem gefährlichen und unerfreulichen Erlebnis die Lehre, unbekannte Pflanzen künftig nicht mehr anzufassen, geschweige denn zu essen.

1952 wurde mein Vater wegen Korruptionsverdachts vom Dienst suspendiert. Er hatte von einem Unbekannten ein Geschenk bekommen. Der Mann züchtete Hunde und fragte meinen Vater, ob er an einem jungen Hund interessiert wäre. „Gewiss“, antwortete mein Vater. „Wir haben Kinder. Sie wünschen sich sehr einen Hund.“ Die Geschichte nahm ein böses Ende. Das Tier war nicht erzogen oder krank. Es beschmutzte ständig die Wohnung. Mein Vater gab es schließlich zurück. Bald darauf erfolgte die Suspendierung. Wir erschraken alle. Plötzlich war er arbeitslos. Wir mussten die Dienstwohnung aufgeben und uns eine neue Bleibe suchen. Alle Sicherheit war mit dem regelmäßigen Gehalt dahin. Mein Vater fühlte sich zudem zutiefst in seiner Ehre getroffen. Er war nicht willens, ohne Kampf aufzugeben. Zwei Jahre lang prozessierte er gegen die erhobenen Vorwürfe. Schließlich gewann er den

Prozess. Aber erst 1954 durfte er seinen Dienst bei der Polizei wieder antreten.

In jenem Jahr wurde mein Vater zur Dienststelle Agripada Police Station (Mumbai) versetzt. Wir bekamen dort eine große Dienstwohnung. Unsere Nachbarn hatten einen Hund. Ich spielte gerne mit ihm. Eines Tages biss er mich jedoch überraschend ins Gesicht. Ich blutete stark. Unser Nachbar brachte mich ins Krankenhaus. Dort versorgte man zunächst die Wunde. Anschließend erhielt ich eine Tetanus- und Tollwutspritze. Etwa zwei Stunden später bekam ich am ganzen Körper einen bedrohlichen Ausschlag. Sofort wurde ich wieder in die Klinik gefahren, wo man mir Kortison und Calcium spritzte. Danach klangen die Hautveränderungen allmählich ab. Dieser unerfreuliche Zwischenfall rief bei mir ein grundsätzliches Misstrauen gegenüber beißenden Tieren hervor.

Der von Ende Juni bis Ende September vorherrschende Monsun bringt in Indien wolkenbruchartige Regenfälle hervor, die in der Regel Tage und Wochen andauern, aber auch für Abkühlung sorgen. In den niedrig gelegenen Teilen der Städte und Dörfer kommt es zu starken Überflutungen. Allein im Juli beträgt der durchschnittliche Niederschlag 264 bis 617 Millimeter pro Monat. Wenn lang anhaltende Regenfälle mit Hochwasser zusammentreffen, das die Öffnungen der städtischen Abflussrohre blockiert, dann kann es geschehen, dass manche Straßen stundenlang unter Wasser stehen. Straßen- und Bahnverkehr brechen zusammen. Die arbeitende Bevölkerung gelangt nicht in die Büros und die Kinder können nicht in die Schule. Ein weiterer Nachteil ist die extrem hohe Luftfeuchtigkeit. Die Wohnungswände werden klamm und die Wäsche trocknet kaum noch. Die Inder ertragen diese jährliche Prüfung mit einer Gelassenheit, die von langer Gewohnheit herrührt.

Trotz der jährlichen Überflutungen leidet Mumbai an chronischem Wassermangel. Die technischen Vorrichtungen, welche Wasser für die Bevölkerung speichern, reichen nicht aus. Andererseits hatte das Ausbleiben des Regens zur rechten Zeit wiederholt große Hungersnöte zur Folge, die weite Strecken Indiens heimsuchten und Tausende von Menschenleben forderten.

Eines Tages stand das Wasser bei uns in der Wohnung kniehoch. Das gesamte Mobiliar war feucht und musste entsorgt werden. Die Dienststelle meines Vaters befand sich gegenüber unserer Wohnung. An jenem Tag musste er mit einem kleinen Boot zum Dienst gefahren werden. Wenn ein Bus vorbeifuhr, wurde so viel Wasser verdrängt, dass Wellen in unsere Wohnung schwappten.

Da ich keine Lust hatte, nach den Schulferien in die Schule zu gehen, ersann ich eine Ausrede. Ich teilte meinem Vater mit: „Heute gehe ich nicht in die Schule." Er fragte: „Warum?" Daraufhin antwortete ich: „Es regnet zu stark. Ich werde nasse Füße bekommen." Er erwiderte: „Kein Problem! Ich werde dich in einen Eimer setzen und durch das Wasser tragen. So bleiben deine Füße trocken." Also musste ich zu meinem Leidwesen doch zum Unterricht. Bessere Ausreden fielen mir nicht ein.

1956 wurde mein Vater in die Nähe von Goa versetzt. Er versuchte mehrfach, wieder nach Mumbai zurückzukommen. Leider gelang es ihm nicht. Vor allem wegen des Schulwechsels, der dann fällig gewesen wäre, wollte er nicht mit der ganzen Familie nach Goa ziehen. Zwar bekam er eine Dienstwohnung in Goa, wir aber mussten unsere Wohnung in Mumbai aufgeben und uns eine andere Unterkunft suchen. Schließlich fanden wir eine alte Wohnung, die sehr renovierungsbedürftig war. Die Decke des Wohnzimmers stützten mehrere Holzsäulen. Abends und nachts liefen Ratten und Mäuse herum. Alle Lebensmittel mussten gut verschlossen werden. Da in Indien auf dem Boden geschlafen wurde und ich schon immer einen tiefen Schlaf hatte, wurde mein großer Zeh nachts von den Ratten angeknabbert. Ich merkte aber nichts und wunderte mich am nächsten Tag nur über die kleine Wunde am Fuß. Meine Mutter erkannte sofort die Ursache. Sie tröstete mich und sagte: „So ein Biss ist ungefährlich. Du brauchst dir darum keine Sorgen zu machen. Außerdem werden wir hier so bald wie möglich wegziehen." So war ich vorerst beruhigt.

Die Toilette befand sich außerhalb der Wohnung im Flur. Es war ein Plumpsklosett, ebenfalls von Ratten bevölkert. Für uns war das derartig schrecklich, dass wir es vermieden, auf die Toilette zu gehen. Lieber bekamen wir Verstopfung.

Mein Vater kam nur am Wochenende und erlebte unseren Alltag nicht mit. Wir drängten aber alle zum Umzug. Da dieser jedoch nicht bewilligt wurde, beschloss Vater, den Dienst zu quittieren. Damit wurde er ein zweites Mal arbeitslos. Mehr als zwei Jahre hatte er nun keinen festen Job. Die Familie litt natürlich unter den finanziellen Engpässen. Meine Mutter musste sehr sparsam haushalten. Wir Kinder durften keine besonderen Wünsche mehr äußern. Nach langer Suche fand mein Vater schließlich einen Job als Sicherheitsbeamter in einer Firma, die Kugelschreiber und Füllfederhalter herstellte. Der Besitzer hieß Mhatre. Er war nicht nur reich. Er übernahm auch soziale Verantwortung für seine Angestellten und verhielt sich ihnen gegenüber loyal. Unsere Familien haben bis heute einen guten Kontakt zueinander.

Damals bezogen wir die Wohnung in Shivaji Park Mahim, einem gehobenen Stadtteil von Mumbai. Seitdem sind wir nicht wieder umgezogen. Mein jüngster Bruder hat die Wohnung später übernommen.

Wir hatten einen Diener. Er wohnte bei uns im Haus und schlief auf dem Dach oder im Treppenhaus. Er putzte, kaufte ein, wusch die Wäsche, spülte das Geschirr, kochte und servierte das Essen. Er war für den gesamten Haushalt zuständig. Wir Kinder waren dadurch verwöhnt und ließen ihn alle möglichen Handgriffe für uns tun. Er fand das normal und sprang auf jeden Zuruf herbei. Als ich nach Jahren heimkehrte und nicht mehr nach ihm rief, war Anand tief gekränkt. Er warf mir vor, ich würde seinen Stolz als Diener verletzen. Offensichtlich vermittelte ich ihm den Eindruck, überflüssig zu sein oder nicht gut genug zu arbeiten.

Dieser Mann war zwar bloß unser Diener, doch er wirkte fast wie ein Familienmitglied. Mein Vater fühlte sich für ihn verantwortlich. Er bezahlte zum Beispiel seine medizinische Versorgung, was damals in Indien nicht üblich war. Inzwischen ist Anand verheiratet, hat eine eigene Wohnung und einen Job als Hausmeister. Aber er besucht unsere nahen Verwandten immer noch und hilft gerne aus, wenn es notwendig ist.

Meine Mutter kaufte manchmal selbst ein. Hauptsächlich ging sie in den Gemüsemarkt oder in einen nahegelegenen kleinen Laden. Die Ware wurde auf Wunsch nachhause geliefert. Die Kunden ließen anschreiben und zahlten am Monatsende.
Frisches Gemüse und Obst boten Händler vor der Wohnungstür an. Täglich kam jemand, um den Unrat und Abfall zu beseitigen sowie die Toilette zu reinigen. Dabei handelte es sich meist um Angehörige der niedrigsten Stufe in der Hierarchie indischer Diener.

Nach hinduistischem Glauben wird jeder Mensch aufgrund seines Karmas in eine bestimmte Kaste geboren. Diese Kaste und ihre Regeln bestimmen den Alltag des Lebens von der

Geburt bis zum Tod, selbstverständlich auch die Wahl des späteren Ehepartners.

Außer den vier Hauptkasten, den Brahmanen (Priester), Kshatriyas (Krieger), Vaishas (Handels- und Gewerbestand) und Shudras (Arbeiter- und Bauernstand), gibt es zahlreiche Zwischenkasten. Die Unberührbaren, die sich selbst „Dalits“ nennen, sind Kastenlose. Sie gehören keiner der vier Kasten an und stehen, von allen verachtet, auf der niedrigsten sozialen Stufe. Folglich erledigen sie auch die von der Gesellschaft am meisten verachteten Arbeiten, wie Einäscherung, Toilettenreinigung, Straßenfegen und Abfallbeseitigung. Sie dürfen keinen Hindutempel betreten und in manchen Landesteilen kein Wasser aus dem Brunnen schöpfen. Verstoßen sie gegen diese Gebote, dann müssen sie mit brutaler Bestrafung rechnen.

Das Kastenwesen in Indien hat grausame Schattenseiten: 160 Millionen Hindus sowie weiteren 80 Millionen Christen und Moslems wird das Gefühl einer anerkannten Zugehörigkeit abgesprochen. Man lässt ihnen nur die Perspektive, ihr Ausgestoßensein zu akzeptieren. Dafür können sie in einem nächsten Leben in einer besseren Position wiedergeboren werden.

Mahatma Gandhi, der die Härten des Kastenwesens verurteilte, kämpfte für die Gleichberechtigung aller Inder. Er nannte die sogenannten Unberührbaren „Lieblinge Gottes“, nämlich „Harijans“.

Obwohl die indische Verfassung jegliche Diskriminierung aufgrund der Kastenzugehörigkeit verbietet, werden die sogenannten Unberührbaren weiterhin von vielen Angehörigen der höheren Kasten als unwürdig, unrein und verachtenswert angesehen.

Meine Herkunftsfamilie gehörte zur dritten Kaste, der Kaste der Vaishas. Dies hinderte mich aber nicht, jahrelang eine Freundschaft zu einem Unberührbaren zu pflegen. Wir besuchten uns gegenseitig und aßen zusammen. Er war jederzeit bei uns willkommen. Meine Eltern waren in diesem Punkt sehr tolerant.

Nicht nur bei der Unterteilung in die vier Hauptkasten, sondern auch in anderen Bereichen spielt die Vier eine wichtige Rolle. Es gibt etwa vier Lebensstufen, die jeder Mensch durchwandert.

1. Stufe: Das Leben als Schüler bei einem Guru, nach Tradition und in strenger Enthaltsamkeit.
2. Stufe: Heirat, Familie und Beruf, Teilnahme am gesellschaftlichen Leben, bis der erste Enkel kommt.
3. Stufe: Die enge Gemeinschaft von Mann und Frau sowie die Chance, versäumte Möglichkeiten nachzuholen.
4. Stufe: Das Einsiedlertum, die Befreiung von Familie und Kaste, die Loslösung von weltlichen Bindungen.

Damit gesteht man allen Bereichen des Lebens Wert und Daseinsrecht zu, allerdings mit dem Ziel, sie letztlich zu überschreiten und hinter sich zu lassen.

Eine weitere Vierteilung unterscheidet folgende Grundwerte:

1. Kama: Verlangen, Begierde.
2. Artha: Wohlstand, Vermögen, Ansehen.
3. Dharma: Rechtschaffenes Leben in der Gemeinschaft.
4. Moksha: Erlösung, Befreiung, Tod.

Als Kind vertraute ich jedem Menschen, der freundlich und nett zu mir war. Ich kannte kein Misstrauen und war sehr naiv. Eines Tages, als ich nachmittags aus der Schule kam, sprach mich in unserem dunklen Treppenhaus ein fremder Mann an. Er verwickelte mich in ein Gespräch. Er fragte nach meinen Hobbies und erkundigte sich, ob ich gerne indische Filme sähe. Natürlich war ich, wie die meisten Kinder und Erwachsenen, ein leidenschaftlicher Kinofan. Damals sprach man noch nicht von Bollywood, aber Schauspieler und Schauspielerinnen wurden dennoch hoch verehrt.

Es gibt kaum ein Volk, das so filmbegeistert ist wie das indische. Die indische Filmindustrie ist nach Hollywood die zweitgrößte der Welt. Ihre Motive speisen sich aus drei unerschöpflichen Reservoiren:

Erstens: Aus einer noch sehr lebendigen Mythologie und den Heldensagen.

Zweitens: Aus leichter Unterhaltung mit endlosen Tanz- und Gesangsszenen, an denen sich Inder aller Bildungsschichten stundenlang begeistern können.

Drittens: Aus sozialkritischen Themen, die oft ein hohes künstlerisches Niveau besitzen, aber nur eine kleine Zuschauergemeinde ansprechen und wenig Gewinn versprechen.

Für uns gab es damals noch kein Fernsehen. Das Kino war das wichtigste Medium der Unterhaltung. Die Filme malten schwarz-weiß, aber sie waren voller Emotionen und meistens gab es ein Happyend.

Beim Besuch eines Kinos erlebte man ein spezielles Publikum. Die Zuschauer saßen nicht ruhig und konzentriert auf ihren Sitzen, sondern nahmen lebhaft Anteil am Filmereignis. Ganze Familien mit Kindern redeten, weinten und lachten während des Films. Es wurde gegessen und mit Papier geraschelt. Natürlich wurden auch laute Unmuts- oder Beifallsbezeugungen zum jeweiligen Geschehen auf der Leinwand kundgetan. Die Kinos waren immer gefüllt, bis auf den letzten Platz. Oftmals gab es Karten nur noch auf dem Schwarzmarkt.

Aus dieser erfolgreichen Filmindustrie entwickelte sich die größte der Welt. Rund 30 Prozent ihrer Produktionen stammen aus den Studios von Mumbai, das oft als das Hollywood Indiens bezeichnet wird. Von daher kommt die Bezeichnung „Bollywood“.

Ich hätte natürlich schrecklich gerne einen Schauspieler oder eine Schauspielerin kennengelernt, wie es mir dieser Fremde in Aussicht stellte. Er erzählte mir, um die Ecke würde gerade ein Film gedreht und er könne mich Schauspielern vorstellen. In meiner Gutgläubigkeit willigte ich ein und ging mit ihm. Unterwegs bewunderte er meine Armbanduhr und wollte sie näher betrachten. Ich reichte sie ihm. Mit der Uhr in der Hand gab er vor, uns anmelden zu müssen. Er ging schneller und war plötzlich verschwunden. Als ich ihm nachlief, fand ich weder Kameras noch Schauspieler. Auch der Mann war weg und mit ihm meine Uhr. Ich ging weinend nachhause. Ich hatte Angst vor der Reaktion meiner Eltern, vor allem vor meinem Vater. Sie hatten sich Sorgen gemacht, waren aber froh, dass mir nichts passiert war.

Mein Vater zeigte sich allerdings enttäuscht von meinem Verhalten. „Wie kannst du als Sohn eines Polizeiinspektors einem Fremden so leichtgläubig auf den Leim gehen!?“, warf er mir vor. „Du hättest erkennen müssen, dass das ein Betrüger ist.“ Er deckte mich reichlich mit Ratschlägen für eventuelle weitere Vorkommnisse ein. Am nächsten Tag erstatteten wir Anzeige. Der Beamte zeigte mir einige Bilder von Dieben. Ich erkannte aber keinen.

Nach elf Jahren auf der Bazargate High School konnte ich die SSCE (Secondary School Certificate Examination) mit der Note „Zwei“ abschließen. Danach ging ich auf die Universität. Ich besuchte zwei Jahre das „Siddharth College“ in Mumbai, das ich mit dem „Intermediate Science“ (Note: 2) beendete. Das entspricht in Deutschland ungefähr dem Abitur. Beim Eintritt in das Siddharth College befürchtete ich, den Vorlesungen nicht folgen zu können. Sie wurden in Englisch gehalten. Ich hatte Englisch in den letzten drei Schuljahren aber nur als Nebenfach. Meine Muttersprache war Gujarati. Das bedeutete im Studium viel zusätzliche Arbeit und häufiges Nachschlagen in Wörterbüchern. Von den Eltern war keine Hilfe zu erwarten. Um den Anschluss nicht zu verlieren, besuchte ich private Nachhilfekurse.

Da wegen des Numerus clausus die Note „Eins" verlangt wurde, ich aber nur „Gut" zu bieten hatte, gab es leider keine Aussicht auf einen Studienplatz in Medizin. Anders wäre es gewesen, wenn ich zur Schicht der Unberührbaren (Outcast) gehört oder mein Vater eine hohe Geldsumme als Spende (Donation) gezahlt hätte.

Da ich unbedingt Arzt werden wollte, bewarb ich mich in Mumbai gleichzeitig für Zahnheilkunde und ayurvedische Medizin. Für beide Fachrichtungen bekam ich die Zulassung.

Ayurveda ist ein ganzheitliches Medizinsystem, welches seinen Ursprung in den vedischen Schriften hat. „Ayu" bedeutet im Sanskrit „Leben". „Veda" bedeutet „Wissen". Ayurveda ist also die Wissenschaft vom Leben. Der Schwerpunkt liegt nicht auf der Behandlung von Krankheiten, sondern auf einer gesunden Lebensführung.

1961 begann ich, auf dem Nayar Dental College Zahnmedizin zu studieren. Mein Vater hatte mir geraten, dort abzubrechen, wenn ich einen Studienplatz für Humanmedizin im Ausland bekommen könnte.

Ich bewarb mich also an Universitäten in den USA, in England und in Deutschland (Bonn, Freiburg und Heidelberg).

Ich wollte mich für die Universität entscheiden, die mir die erste Zusage schickte. Das war dann die Rheinische Friedrich-Wilhelm-Universität in Bonn.

Die Trennung von den Eltern und der Familie, den Verzicht auf die Freunde, das Leben in einem mir völlig fremden Kulturkreis, mit einer Sprache, die ich nicht beherrschte, all diese Schwierigkeiten wollte ich in Kauf nehmen, um meinen Berufstraum Wirklichkeit werden zu lassen.

2. Kapitel

Kalte Küche - kaltes Land

Nach der Zusage aus Bonn exmatrikulierte ich mich an der zahnmedizinischen Klinik. Ich teilte Professoren und Kommilitonen mit, dass ich Indien verlassen würde, um in Deutschland Medizin zu studieren. Am Abschiedsabend, dem 26. Oktober 1961, besuchten mich zahlreiche Freunde aus Schule und College. Viele Verwandte begleiteten mich zum Flughafen. Mein Herz wurde schwer. Als meine Mutter mich zum letzten Mal umarmte, sagte sie: „Du darfst alles tun, rauchen, Alkohol trinken, Fleisch essen. Nur bring uns keine Europäerin als Frau mit nach Indien." Danach stand mir nun wirklich nicht der Sinn. Der Gedanke entbehrte jeglicher Vorstellungskraft. Schließlich beabsichtigte ich, nach beendetem Studium in Indien zu arbeiten, zu heiraten und eine Familie zu gründen.

Bild 11: Vor dem Abflug

Vor dem Abflug hatte ich mir noch einen Hut zugelegt. Solcherart „behütet", fühlte ich mich topmodisch und modern. Vermutlich aus amerikanischen Filmen hatte ich die Vorstellung gewonnen, dass alle männlichen Wesen im Westen ständig einen Hut tragen. Doch schon auf dem Flug verlor ich ihn leider, irgendwo zwischen Beirut, Rom, Frankfurt oder Köln-Bonn.

Bild 12: Abschied von einem Freund

Meine erste Begegnung mit Deutschland erfolgte in Frankfurt. Frühmorgens kam ich an. Ich hatte drei Stunden Aufenthalt und wartete auf den Anschlussflieger nach Köln-Bonn. Der Anblick, der sich mir bot, war ziemlich befremdlich. Ich kannte nur dunkelhäutige und schwarzhaarige Menschen. Plötzlich stand ich überwiegend hellhäutigen Menschen mit blonden Haaren gegenüber. Alles strahlte vor Sauberkeit. Auf dem Boden lag kein Abfall. Die Wände sahen wie frisch gestrichen aus, die Geschäfte wie nagelneu eingerichtet. Ich ging in ein Restaurant, um zu frühstücken, konnte aber die Speisekarte nicht lesen. Bei der Kellnerin, die glücklicherweise Englisch sprach, bestellte ich Toast, Ei und Tee. Ich fühlte mich unsicher und fürchtete ständig, irgendetwas falsch zu machen. Gleichzeitig war ich neugierig und beobachtete die Leute. Es schockierte mich, wie ungehemmt die Liebespaare Zärtlichkeiten austauschten. Ich schämte mich für sie und schaute weg. In Indien darf ein Kuss nicht einmal auf der Leinwand gezeigt werden.

Zur angegebenen Zeit begab ich mich in den Flieger nach Köln. Nach dem Auschecken folgte eine etwa einstündige

Busfahrt von Köln nach Bonn. Ich fühlte mich einsam und verloren. Alles war neu und fremd für mich. Die Kälte setzte mir so zu, dass ich zitterte. Ich war schließlich noch sommerlich gekleidet. Nun musste ich das „Hotel Adler" suchen. Mein Vater hatte dort von Mumbai aus ein Zimmer für mich gebucht. Es sollte in der Nähe des Bahnhofs liegen.

Während der letzten Monate hatte ich nur einige Brocken Deutsch gelernt, von einer in Mumbai lebenden Deutschen. Sie war mit einem Inder verheiratet. Im Hotelzimmer zerbrach ich meinen aus Indien stammenden Füllfederhalter. Bei dem Füller handelte es sich um eine eigens für mich hergestellte Konstruktion. Darin waren 400 Dollar – als eine erste Finanzspritze für mich – zusammengerollt. Mein Vater hatte mich angewiesen, die Tinte nach der Zollkontrolle in Mumbai auszuleeren, um die Scheine nicht zu ruinieren. Im Hotel sollte ich dann den Füller zerbrechen und die Dollars herausholen. Das Geld musste auf diese Weise geschmuggelt werden, da es in Indien nicht erlaubt war, Devisen auszuführen. Am Abend meiner Ankunft in Bonn holte mich ein deutscher Student namens Wolfram Schubert vom Hotel ab. Der Asta der Universität hatte damals ein Programm entwickelt, wobei jedem ausländischen Studenten eine deutsche Familie zwecks Eingewöhnung und Betreuung zur Seite gestellt wurde. Ziel des Projektes war es, den Kontakt zwischen Deutschen und Ausländern zu fördern und den Neuankömmlingen zu helfen, sich in einer ihnen fremden Kultur leichter zurechtzufinden und zu orientieren. Ich war der Familie Schubert in Bad Godesberg zugeteilt worden. Wolfram lud mich an jenem Abend zu sich nachhause ein. Er wollte mich beim Abendessen mit seiner Familie bekannt machen. Ich dachte, wir würden mit der Straßenbahn oder mit dem Taxi fahren. Stattdessen führte er mich zu seinem eigenen Auto, einem kleinen Fiat 500. Dass ein deutscher Student ein eigenes Auto besaß, beeindruckte mich tief.

Bild 13: Trudis und Hasmukh

Schon beim ersten Kontakt bemerkte ich, dass Frau Gertrudis Schubert die Autorität und der Mittelpunkt der Familie war. Sie stammte aus Ostpreußen. Ihr Mann war im Zweiten Weltkrieg gefallen. Nach der schrecklichen Flucht aus der Heimat, von der sie immer wieder erzählte, war sie mit ihrem Sohn Wolfram und ihrer Tochter Dietlind nach Bad Godesberg gekommen. Dort blieben sie. Dietlind lebte als Erzieherin in Spanien, Wolfram studierte in Bonn Volkswirtschaft. Wir „adoptierten" uns gegenseitig als Geschwister. Ich nannte sie Bruder und Schwester. Frau Schubert wurde meine „deutsche Mutter". Sie haben mich tatkräftig unterstützt. Unser Kontakt ist bis heute familiär und vertraut geblieben.

Den ersten Abend bei einer deutschen Familie empfand ich als sehr aufregend. Wir konnten uns nur auf Englisch unterhalten. Sie wussten nicht, dass ich Vegetarier war und noch nie Fleisch gegessen hatte. Schon der Anblick von Fleisch verursachte bei mir leichte Übelkeit. Ich hätte keinen Bissen heruntergebracht. Obgleich es mir peinlich war, bat ich um vegetarisches Essen. Ich bekam Tomaten, Käse und Eier. Ich war irritiert darüber, dass es kein warmes Essen gab, wie ich es aus Indien gewohnt war. Mein erster Eindruck vom deutschen Essen war eher nichtssagend. Wonach sollte ein Essen ohne Gewürze auch schmecken?

In den folgenden Tagen begleitete mich Wolfram auf wichtigen Gängen. Er übersetzte, erklärte und half: bei der Immatrikulation in der Universität, bei der Suche nach einem Zimmer, beim Kauf von Winterkleidung.

Bild 14: Universität Bonn

Er führte mich in die deutschen Sitten und Gewohnheiten ein. Ich lernte, dass man sich in Deutschland per Handschlag begrüßte, dass man „Bitte“ und „Danke“ sagte, dass man Frauen die Tür aufhielt, ihnen in den Mantel half und den Vortritt ließ, dass man im Bus oder in der Straßenbahn älteren Menschen seinen Platz anbot.

Die ersten zehn Tage wohnte ich bei Familie Schubert. Dann zog ich in ein möbliertes Zimmer in der Thomasstraße. Es war ein kleiner Raum mit kaltem Wasser. Zum Erhitzen des Wassers und zum Kochen gab es eine elektrische Kochplatte. Als Heizung diente ein kleiner Kohleofen. Noch nie hatte ich einen Ofen angemacht. Deutschland war kalt. Ich fror erbärmlich.

Die ersten Monate hier fielen mir sehr schwer. Ich hatte Heimweh. Es gab keine Freunde, mit denen ich mich unterhalten konnte. Das Essen schmeckte mir nicht. Ich konnte jedoch nichts Frisches zubereiten, da ich nie kochen gelernt hatte. Der Umgang mit Messer und Gabel erwies sich als eine Arbeit, die die Fähigkeit zum Jonglieren erforderte.

Die ersten sechs Monate aß ich fast ausschließlich Eier in verschiedenen Variationen. Abwechselnd gab es in ewiger Wiederkehr Rühreier, Spiegeleier, Omelette, weich- und hartgekochte Eier. Irgendwann konnte ich nicht einmal mehr den Anblick von Eiern ertragen. Schließlich begann ich, Fleisch zu probieren. Allmählich gewöhnte ich mich an den Geschmack. Dennoch rühre ich bis heute weder Wurst noch Fisch an.

Auch das Essen in der Mensa erwies sich als äußerst gewöhnungsbedürftig. Eine Mahlzeit kostete 1,20 DM. Ebenso wie viele andere Studenten, aß ich hier nur, weil es so preisgünstig war.

Die europäischen Toiletten waren für mich etwas Neues. Ich kannte nur das Sitzen in der Hocke auf dem Boden, über der Öffnung. So glaubte ich, meine Füße auf den Toilettendeckel stellen zu müssen. Ein indischer Kommilitone erklärte mir entsetzt, dass man sich auf den Deckel wie auf einen Stuhl setzt. In Indien putzt man sich nach dem Toilettengang auch nicht mit Papier ab. Man wäscht sich mit Wasser. Die Umstellung war nicht einfach.

Bei uns in Mumbai befanden sich Dusche und Toilette vereint in einem kleinen Raum. Dort fand man die wichtigsten Utensilien zum Waschen und für den Toilettengang: einen großen Eimer Wasser sowie einen Wasserhahn, unter dem sich ein Messbecher befand. Man füllte ihn mit Wasser, schüttete es mit der rechten Hand in die linke Handfläche und reinigte damit den After.

Meinen ersten Brief aus Deutschland beantwortete mein Vater sofort:

Lieber Hasmukh, *11. 12. 1961*

Deinen Brief vom 06. 12. 61 haben wir erhalten. Du brauchst Dir wegen des Geldes keine Sorgen zu machen. Wir ha-

ben volles Vertrauen in Dich, dass Du mit Geld gut umgehen kannst. Anfangs, wenn man an einen neuen Ort kommt, braucht man mehr Geld für Anschaffungen. Geh aber sorgfältig damit um.

Ich hoffe, Du gehst inzwischen regelmäßig zur Uni und zum Deutschunterricht. Wie läuft es? Wann stehst Du morgens auf? Wann musst Du zur Uni? Wann kommst Du nachhause? Was machst Du sonst den ganzen Tag?

Konzentrier Dich, wenn Du lernst. Wenn man fleißig und zielbewusst ist, schafft man das, was man sich vorgenommen hat.

Iss regelmäßig, damit Du gesund bleibst. Ich hoffe, Du hast nicht abgenommen. Kochst Du zuhause selbst? Hoffentlich schmeckt Dir das Essen inzwischen besser.

Pass auf, dass Du in keiner Form süchtig wirst. Wir vertrauen Dir.

Wir denken ständig an Dich. Jeden Tag gehe ich nach unten und warte auf den Briefträger, ob er einen Brief von Dir mitbringt.

Wir machen uns natürlich Sorgen, dass Du Probleme bekommen könntest. Ich werde immer mein Möglichstes tun, um Dir bei Schwierigkeiten zu helfen. Auf keinen Fall brauchst Du befürchten, das Studium abbrechen zu müssen.

Liebe Grüße.
Dein Vater Dayalal

Aus diesem Brief wurde mir ersichtlich, wie sehr meine Eltern mich liebten. Sie waren bereit, alles für mich zu tun. Ihnen war bewusst, dass sie ihren Sohn in eine fremde Welt entlassen hatten. Aber trotz der weiten Entfernung versuchten sie, an meinem Alltag teilzuhaben. Die Briefe von zuhause gaben mir in der Folgezeit viel Kraft, wenn ich unter Heimweh litt.

Über Freunde erfuhr ich, dass man in Roisdorf in einer Mineralwasserfabrik für einen Stundenlohn von 4,00 DM am Band arbeiten konnte. Bald beförderte ich dort acht Stunden am Tag abgefüllte Flaschen in einen Kasten. Das Band lief schneller, als wir zugreifen konnten. Deshalb musste es oft stillgelegt werden. Dann schimpfte der Meister auf uns. Oft verletzten wir uns mit dem zerbrochenen Glas auch an den Händen. Ich habe es etwa drei Wochen lang dort ausgehalten. Es ging mir darum, mein knappes Budget aufzubessern. Es war aber eine harte Arbeit, die ich nicht gewohnt war und die mir zu schaffen machte. Am Abend tat mir der ganze Körper weh. Ich konnte kaum noch stehen und war total erschöpft.

Vor Beginn des Medizinstudiums musste ich erst einmal Deutsch lernen. Zwei Möglichkeiten standen zur Wahl: ein sehr teurer Intensivkurs am Goethe-Institut oder ein sechsmonatiger Unterrichtskurs an der Universität. Aus finanziellen Gründen wählte ich den Kurs an der Uni. Er schloss mit einer schriftlichen und mündlichen Sprachprüfung. Nachdem ich die Prüfung bestanden hatte, wurde ich zum Studium der Humanmedizin zugelassen. Das war 1962.

1962 absolvierte ich mein erstes vierwöchiges Praktikum auf der Siechenstation im Rheinischen Landeskrankenhaus Bedburg-Hau. Es war mein erster wirklicher Kontakt mit körperlich und psychisch kranken sowie alten Menschen. Ich musste bei der Pflege helfen. Ich musste sie füttern und mit ihnen spazieren gehen. Mit Schrecken erkannte ich, in welch bedauernswerte und unwürdige Zustände Menschen geraten können. Ekelerregend war es für mich, sie von Urin und Kot reinigen zu müssen. Dieses Gefühl wirkte so nach, dass ich noch viele Jahre später unser erstes Kind nicht wickeln mochte. Als meine Frau einmal zu einer Ausstellung fuhr, ließ ich unser Baby in seinen duftenden Windeln stundenlang liegen. Schließlich konnte ich mich darauf verlassen, dass sie das Kind abends saubermachen würde.

Ich überstand die Zeit des Praktikums, weil die Schwestern und Pfleger Verständnis für meinen inneren Widerstand zeigten und mir halfen, ihn zu überwinden.

Gleich im ersten Semester bestand ich die Aufnahmeprüfungen für die Praktika in Physik und Chemie. Im zweiten Semester brauchte ich nur Vorlesungen zu besuchen und mich auf das Vorphysikum vorbereiten. So hatte ich die Möglichkeit, in den Ferien Geld zu verdienen.

Am 8. März 1963 bestand ich die naturwissenschaftliche Vorprüfung, das sogenannte Vorphysikum. Am 10. Juli 1963 unterzog ich mich einer Prüfung in Latein. Ich erwarb das kleine Latinum, eine Voraussetzung für das Medizinstudium. Im gleichen Jahr erhielt ich nach 12 Fahrstunden meinen deutschen Führerschein.

Ich war in einer Gesellschaft aufgewachsen, die viel Wert auf Gemeinschaft legte. Deshalb spielten persönliche Kontakte – die ich in Deutschland anfangs kaum hatte – eine wichtige Rolle für meine Lebensqualität. Vor allem suchte ich natürlich Kontakte zu Indern, die ja ein Stück Heimat bedeuteten. Damals studierten nicht viele Inder in Bonn. So lernte man sich schnell kennen. Wir entwickelten uns zu einer verschworenen Gemeinschaft. Ich gewann einige gute Freunde. Mit ihnen stehe ich bis heute in Verbindung. Ich engagierte mich in der Bharatiya Sabha (Indischer Verein) in Bonn. Erstaunlich viele Menschen interessierten sich damals für unsere Kultur. Wir führten regelmäßig Programme durch, mit Musik, Tanz und kleinen Theaterstücken. Zum Abschluss boten wir dann meist ein indisches Essen an, das wir selbst zubereitet hatten.

Bild 15: Aufführung in Bonn

Als es 1962 zwischen China und Indien zu einem Krieg kam, spendeten wir die Eintrittsgelder unserer Aufführungen den Familien der gefallenen Soldaten. Damit bekundeten wir Zugehörigkeit und Solidarität zu unserer Nation.

Während meiner Studienzeit wohnte ich überwiegend im Studentenwohnheim. So lernte ich viele Kommilitonen verschiedener Fakultäten und Nationalitäten kennen. Auf den Etagen bildeten sich Freundeskreise, die miteinander kochten, feierten und auch Streiche verübten. Alle Hausbewohner organisierten Karnevals-, Nikolaus- und Sommerfeste. Da ich in Küche und Dusche gerne und laut sang, wurde ich gebeten, bei Festen aufzutreten und zu singen. Anfangs schämte ich mich. Ich befürchtete, mich lächerlich zu machen. Aber schließlich ließ ich mich doch dazu überreden.

In den Jahren 1961 bis 1968 konnte ich meine Heimat nicht besuchen. Ich hatte nur die Möglichkeit, zu schreiben. Es dauerte etwa 14 Tage, bis ein Brief ankam. Telefongespräche mussten in Deutschland wie in Indien über ein Amt vermittelt werden. Die Verbindung war schlecht und teuer. Drei Minuten kosteten ungefähr 70,00 DM.

Das erste Weihnachtsfest feierte ich bei Familie Schubert in Bad Godesberg. Der Hinduismus kennt kein Weihnachten.

Ich sah zum ersten Mal einen Tannenbaum mit brennenden Kerzen. Geschenke wurden ausgetauscht. Auch die Christmette am 24. Dezember besuchte ich mit meiner deutschen Mutter. Für mich war das alles unverständlich und staunenswert. Ich war tief beeindruckt von dem Blumenschmuck, den brennenden Kerzen, den prächtigen Gewändern der Priester, der Orgelmusik, dem Gesang und den vielen Gläubigen in der Kirche. Ich fühlte mich ästhetisch sehr angesprochen und emotional berührt. Über den christlichen Gehalt dachte ich kaum nach. Gefühlsmäßig erinnerte ich mich zu Weihnachten an Diwali, das Lichter- und Neujahrsfest der Hindus.

In den folgenden zwei Jahren feierte ich Weihnachten mit der Familie meines Freundes Willi Meyer in Duisburg.

Willi studierte ebenfalls Medizin in Bonn. Dort lernte ich ihn im Studentenwohnheim kennen. Später ging er nach Kiel. Er lud mich regelmäßig zu sich nach Duisburg ein. Ich fühlte mich bei seiner Familie wie zuhause.

Aus Kiel schrieb er mir 1965:

„Nun, Du alte Flasche, ich vermisse den Hasmukh, das „lachende Gesicht“ mit seinem „If I had a hammer“ und „Eine Lederhose braucht keine Bügelfalten“. Schade, dass Du nicht auch hier in Kiel bist, wir hätten bestimmt sehr viel Spaß. Aber im Herbst werde ich ja wieder in Bonn sein - dann werden wir wieder zusammen indisch essen gehen.“

Nachdem ich die ärztliche Vorprüfung, das Physikum, mit der Note „Gut“ bestanden hatte, kaufte ich einen gebrauchten Renault Dauphine, den mein Vater finanzierte. Er plante, mich in Bonn zu besuchen. Ich sollte mich frei mit ihm bewegen können, ohne auf öffentliche Verkehrsmittel und Fahrpläne angewiesen zu sein. Es waren Semesterferien. Viele Studenten stellten ihre Zimmer zur Verfügung, um Geld zu sparen. So konnte Vater drei Monate im Studentenwohnheim bleiben. In dieser Zeit machten wir eine dreiwöchige Europareise mit dem Auto. Wir besuchten Holland, Belgien, Frankreich, England, Dänemark und Österreich. In Deutschland besichtigten wir vor allem Städte, deren Namen man auch in Indien kannte, wie München, Berlin und Hamburg. Wir reisten – das ist bis heute der Stil vieler Inder – ähnlich wie die Amerikaner: ein Tag Rom, zwei Tage Paris, ein Tag Athen, ein Tag Madrid, ein Tag Berlin, ein Tag Stockholm. Das Fazit lautete dann: Ich habe Europa gesehen. Selbstverständlich „kannte" mein Vater am Ende der Reise Europa nicht. Er hatte lediglich einen ersten Eindruck mittels Stippvisiten gewonnen. Mehr lag aber auch nicht in seiner Absicht. Was mich betrifft, so war ich in erster Linie glücklich, meinen Vater nach fast vier Jahren wieder zu sehen. Etwas hatte sich allerdings zwischen uns verändert: Ich war nun nicht mehr der zu ihm aufblickende Sohn, dem er Ratschläge erteilen konnte. Ich war der Führende. Ich zeigte und erklärte ihm eine neue Welt. Darauf war ich stolz. Ich hatte die von den Eltern in mich gesetzten Erwartungen erfüllt. Ich fand mich in meiner Umgebung zurecht, hatte die Sprache gelernt und war erfolgreich im Studium. Auch finanziell hatte ich mich weitgehend unabhängig gemacht. Ich konnte meinem Vater zahlreiche deutsche Freunde vorstellen. Hier und jetzt war ich ihm ein großes Stück an Erfahrungen und Kenntnissen voraus.

Auch er war stolz auf mich. Er sagte es mir mit Worten und zeigte es durch sein Verhalten. Als er wieder zu Hause war, berichtete er allen Verwandten und Freunden, wie hervorragend sich sein Sohn in einem fremden Land entwickelt hatte.

Mein Vater zeigte sich sehr beeindruckt von Europa. Natürlich fiel ihm sofort die allgemeine Sauberkeit auf. Er staunte, wie sorgsam alles gepflegt wurde. Der Müll häufte sich nicht auf den Bürgersteigen. Die Häuser wirkten wie neu oder frisch renoviert. Die Gärten, liebevoll gepflegt, glänzten in ihrem Blumenschmuck. Er staunte, wie viel Wert auf eine geschmackvolle Wohnungseinrichtung gelegt wurde. Manche Ideen griff er auf. In späteren Jahren ließ er in seiner Wohnung eine moderne Küche einbauen. Für die übrigen Wohnräume schaffte er Möbel an, die denen glichen, die er in Deutschland gesehen hatte. Im Bad ließ er eine europäische Toilette installieren. Meine Mutter war darüber sehr erfreut. Sie hatte seit einiger Zeit Probleme mit den Knien.

Neue technische Geräte faszinierten meinen Vater. Nach und nach kaufte er Kühlschrank, Fernseher, Mixer, Schneidemaschinen, Bügeleisen und ähnliche Elektroartikel.

Er war empfänglich für materielle Annehmlichkeiten, für Komfort und Bequemlichkeit. Er hatte Geschmack und Sinn für Ästhetik. Außerdem schätzte er gute Qualität. All das fand er in Europa und war davon begeistert. So hätte er auch gerne gelebt.

Für Geschichte und Kunst interessierte er sich hingegen nicht sonderlich. Aber er bewunderte die bekannten Sehenswürdigkeiten, die Kirchen, Paläste, Denkmäler, Brunnen und Parks. Er war neugierig auf Städte wie London, Paris und Berlin. Und er war stolz darauf, Bekannten und Verwandten erzählen zu können, dass er dort gewesen war.

Die ersten Monate hindurch konnte ich mit dem aus Indien geschmuggelten und zum Teil selbstverdienten Geld gut auskommen. Später schickte mir ein in den USA lebender Inder regelmäßig Geld nach Bonn. Mein Vater zahlte dann die entsprechende Summe an die in Indien lebenden Angehörigen des Betreffenden zurück. Aus Indien durften ja keine Devisen nach Deutschland geschickt werden.

Da dieses Geld jedoch zum Leben nicht ausreichte, arbeitete ich vier Monate in der Kunststofffirma „Dynamit Nobel“ in Troisdorf. Ich war als Laborant im PVC-Labor tätig. Dort lernte ich meine erste deutsche Freundin kennen. Sie wies mich in die Arbeit ein.

Man stellte mir gute Zeugnisse aus. Ich hatte ein gutes Verhältnis zu meinen Kollegen. Während der Semesterferien arbeitete ich außerdem im Büro der Zulassungsstelle des Straßenverkehrsamtes in Bonn.

Während der klinischen Semester unterzog ich mich regelmäßig Fleißprüfungen. Man vereinbarte mit den Professoren der Hauptfächer Termine für mündliche Prüfungen. Hatte man die Fragen richtig beantwortet, dann hatte man den Beweis erbracht, die Vorlesungen regelmäßig besucht und fleißig gelernt zu haben. Als Belohnung erhielt man umsonst Mensamarken für das ganze Semester.

Ich hatte mich bereits nach einem Jahr von meinem Renault Dauphine getrennt. Er wurde immer reparaturanfälliger und damit auch teurer. Trotzdem erwies sich meine finanzielle Situation in den letzten drei Semestern des Studiums als so kritisch, dass ich ein Stipendium beim Katholischen Akademischen Ausländerdienst (KAAD) beantragen musste. Glücklicherweise wurde es bewilligt, allerdings mit der Auflage, dass ich nach Ende des Studiums als Arzt nach Indien oder in ein anderes Land der Dritten Welt zurückkehren oder aber das Stipendium zurückzahlen müsste. Das tat ich dann später auch, da ich – entgegen meinen ursprünglichen Absichten – in Deutschland blieb.

3. Kapitel

Ganz in Blau …

Jutta, meine spätere Ehefrau, lernte ich am 9. Februar 1966 bei einem Karnevalsfest der Pädagogischen Hochschule Bonn kennen. Ich fand sie vom ersten Augenblick an faszinierend. Sie hatte lange blonde Haare. Ein blaues Tuch hatte sie als Gewand so drapiert, dass es mich an einen Sari erinnerte, die klassische Kleidung der Inderinnen.

Ein indischer Freund hatte mich überredet, auf diesen Ball mitzukommen. Mir stand eigentlich nicht der Sinn nach Feiern, weil ich mich gerade von meiner ersten Freundin getrennt hatte. Auch Jutta kam allein. Als Begleiter für sie war ein indischer Arzt eingeladen worden. Er verspätete sich aber an diesem Abend aus dienstlichen Gründen um zwei Stunden. So traf ich auf Jutta. Wir unterhielten uns und tanzten miteinander. Als der Arzt auftauchte, waren wir bereits ineinander verliebt. Ich verbrachte den ganzen Abend mit ihr. Wir fühlten uns sehr wohl.

Von da an trafen wir uns regelmäßig. Es war für mich eine neue Erfahrung, Gefühle von solcher Intensität zu haben.

Bild 16: Jutta und Hasmukh

Sie studierte Französisch und Geschichte und hatte ein Zimmer in Bonn. Sehr bald lernte sie meine indischen Freunde und meine deutsche Familie in Bad Godesberg kennen. Wir unternahmen sehr viel. Wir kochten international im Studentenwohnheim. Wir aßen mit der Clique in Restaurants. Wir gingen ins Kino und zu kulturellen Veranstaltungen. Wir machten Ausflüge in die nähere und weitere Umgebung.

1967 kaufte sich Jutta – die noch keinen Führerschein hatte – von einem Kommilitonen für 100,00 DM einen Fiat Jagst 500. Als Geschenk erhielten wir zudem einen Ersatzmotor. Schließlich war damit zu rechnen, dass der vorhandene Motor bald seinen Geist aufgab. Als wir das Auto abholten, deponierten wir den Motor auf dem Rücksitz und dann im Keller des Studentenwohnheims. Da wir sehr stolz auf unser neues Fahrzeug waren, luden wir Shudamoy, einen bengalischen Freund, zu einem kleinen Festessen beim Italiener in der Sternstraße ein. Er war ein attraktiver und eleganter Mann, der viel Wert auf seine äußere Erscheinung legte. An diesem Abend trug er eine hellgraue Hose und einen dunkelblauen Blazer. Wir holten ihn ab. Er setzte sich auf den Rücksitz. Wir parkten das Auto am Markt. Es waren ungefähr zehn Minuten durch die belebte Sternstraße bis zum Restaurant. Jutta war an einer Auslage hängengeblieben und rief uns plötzlich gestikulierend zu sich. Sie bog sich vor Lachen und konnte kaum sprechen. Wir kamen zurück und betrachteten sie kopfschüttelnd. Schließlich fasste sie sich und wies auf Shudamoys Rückseite. Auf seinem Hosenboden prangte ein Riesenölfleck, der den Anschein erweckte, er hätte sich in die Hose gemacht. Uns war sofort klar, dass der Motor auf dem Rücksitz Öl verloren hatte. Er hatte in dem Öl gesessen. Den Rest des Weges und des Abends versuchte der beschämte und schockierte Shudamoy, sich kleiner zu machen und den Blazer über die Hose zu ziehen, um den Ölfleck zu verdecken. Die Situation war für uns alle unglaublich peinlich und komisch zugleich. Wir boten an, die Reinigung zu bezahlen, aber er lehnte ab und besann sich letztendlich auf seinen Humor. Wenige Wochen später wurde der Ersatzmotor aus dem Keller gestohlen. Aber die alte Maschine lief. Wir fuhren mit dem Fiat insgesamt gute 10.000 km. Allerdings fiel nach einiger Zeit die Fensterscheibe auf der Beifahrerseite ständig herunter. Die Tür schloss nicht mehr. Jutta musste, während ich fuhr, mit der rechten Hand die Scheibe hoch drücken. Mit der linken Hand hielt sie, mittels einer Kordel, die Tür fest, damit sie beim Fahren nicht aufflog. Wir hatten kein Geld, um die Reparatur zu bezahlen. So verkauften wir schließlich den Fiat für 150,00 DM an einen Bekannten. Dieser fuhr – nach einigen Reparaturen – noch mehrere tausend km mit ihm. Er verkaufte ihn am Ende selbst, für 180,00 DM. Und wenn er nicht gestorben ist, lebt und fährt er noch heute …

1966 war ich als Famulus in der Chirurgie des Städtischen Urbankrankenhauses in West-Berlin tätig. Jutta besuchte mich dort eine Woche, als sie aus Rom zurückkam. Es war unsere erste gemeinsame Reise. Später folgten Fahrten nach Ameland und England, wo wir Freunde besuchten, die ich seit meiner frühen Jugend nicht mehr gesehen hatte.

Im Winter 1967 stand ich vor meinem medizinischen Staatsexamen. Es zog sich über 6 Monate hin. Die Prüfungen in den zwölf Fächern waren alle mündlich. Aus Indien kannte ich nur das schriftliche und praktische Examen. Der hiesige Vorteil war, dass ich mich nicht schriftlich in Deutsch festlegen musste (Grammatik und Rechtschreibung), der Nachteil, dass ich mich spontan, aber fachlich präzise, in einer fremden Sprache artikulieren musste.

Am 25. April 1968 bestand ich vor dem ärztlichen und zahnärztlichen Prüfungsausschuss der Universität Bonn das medizinische Staatsexamen.

Jutta und ich, wir waren beide nicht so gestrickt, dass wir eine unverbindliche und oberflächliche Affäre eingegangen wären. Schon nach wenigen Monaten spürten wir, wie tief unsere gegenseitige Zuneigung war. Wir begannen vorsichtig, über das Thema „Heirat" zu sprechen. Wir ahnten, dass schwere Auseinandersetzungen und Kämpfe auf uns zukommen würden. Die Reaktion unserer Eltern war wie erwartet: Ablehnung, Enttäuschung, Ärger und Traurigkeit.

Mein Vater schrieb:

Hasmukh, *10. 9. 1966*

...Die Entscheidung, die Du getroffen hast, ist falsch. Du bist volljährig und kannst eigene Entscheidungen treffen. Aber Du solltest Dich gleichzeitig an die Umstände erinnern, unter denen ich Dich nach Deutschland geschickt habe. Du kanntest und kennst auch jetzt unsere Lebenssituation ...Du kannst auch jetzt noch Deine Entscheidung revidieren ...

Wenn Du sagst, dass nur Jutta Dich glücklich machen kann, antworte ich, dass es viele Inderinnen gibt, die sie übertreffen. Ich schreibe diesen Brief mit Tränen in den Augen. Bedenke, wenn Du Jutta heiratest, ist unsere Verbindung zerbrochen. Ich werde nicht mehr schreiben, ich werde mich nicht mehr um Dich sorgen und mich nicht mehr um Dich kümmern. Deine Mutter teilt meine Auffassung. Wir haben Dir das Leben gegeben, das ist nun das Ergebnis.

Auf der einen Seite stehen Deine Eltern, auf der anderen Jutta. Entweder Du liebst Jutta oder Deine Eltern. Wenn Du

Jutta liebst, vergiss uns. Von diesem Moment an bist Du für uns tot.

Was immer auch geschieht, wir beten trotzdem darum, dass Du in Deinem Leben glücklich wirst.

Dayalal

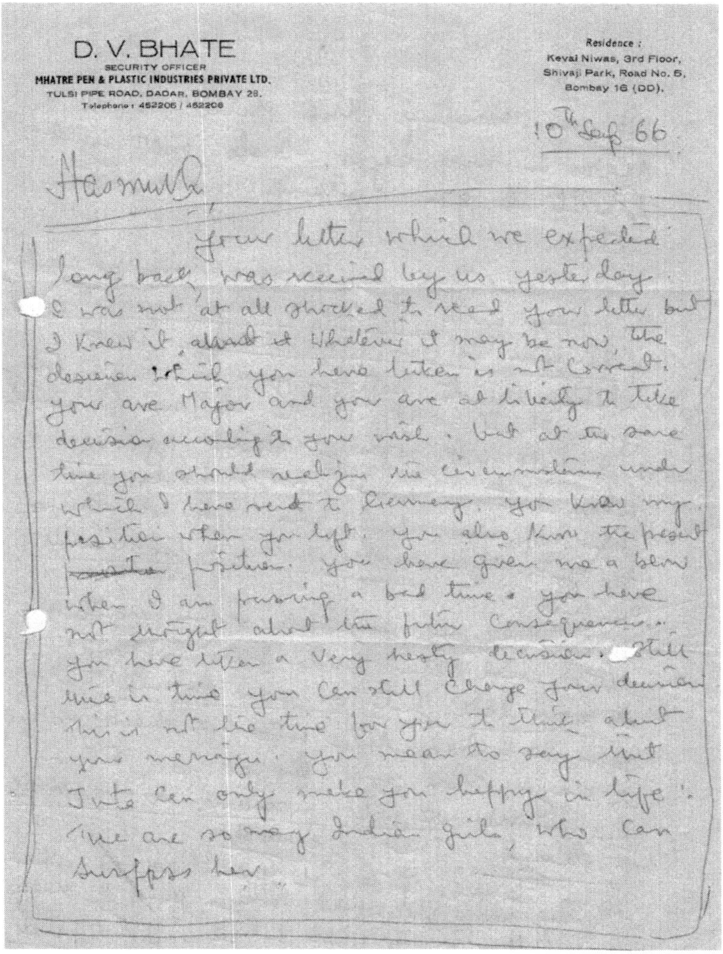

D. V. BHATE
SECURITY OFFICER
MHATRE PEN & PLASTIC INDUSTRIES PRIVATE LTD.
TULSI PIPE ROAD, DADAR, BOMBAY 28.
Telephone: 452205 / 452206

Residence:
Keval Niwas, 3rd Floor,
Shivaji Park, Road No. 5,
Bombay 16 (DD).

10th Sep 66

Hasmukh

Your letter which we expected long back, was received by us yesterday. I was not at all shocked to read your letter but I knew it already. Whatever it may be now, the decision which you have taken is not correct. You are Major and you are at liberty to take decision according to your wish. but at the same time you should realize the circumstances under which I have sent to Germany. You know my position when you left. You also know the present ~~[illegible]~~ position. You have given me a blow when I am passing a bad time. You have not thought about the future consequences. You have taken a very hasty decision. Still there is time you can still change your decision. This is not the time for you to think about your marriage. You mean to say that Jutta can only make you happy in life? There are so many Indian girls, who can surpass her.

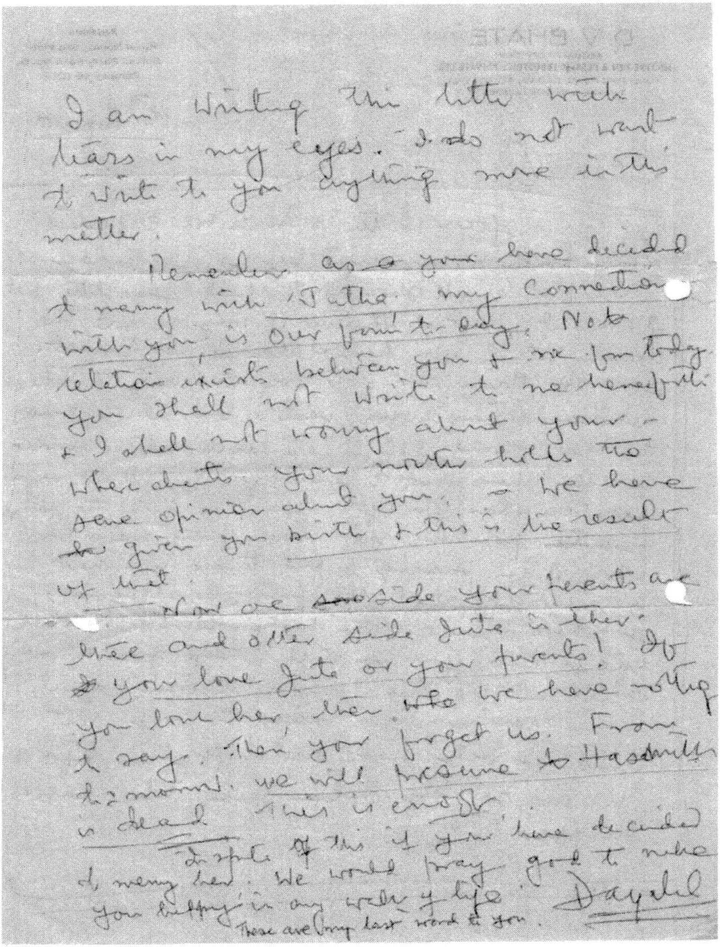
I am writing this letter with
tears in my eyes. I do not want
to write to you anything more in this
matter.
Remember as you have decided
to marry with Jutta my connection
with you is over from today. No
relation exists between you & me from today.
You shall not write to me henceforth
& I shall not worry about you —
whereabouts your mother holds the
same opinion about you, & we have
given you birth & this is the result
of that.
Now one side your parents are
there and other side Jutta is there.
If you love Jutta or your parents! If
you love her, then we have nothing
to say. Then you forget us. From
tomorrow we will presume Hasmukh
is dead. This is enough.
In spite of this if you have decided
to marry her. We would pray god to make
your happy in any walk of life. Dayalal
These are my last word to you.

Einige Monate später schrieb er einen zweiten Brief. Darin stand unter anderem:

Lieber Hasmukh, *16. 1. 1967*

...Was Deinen Plan betrifft, Jutta zu heiraten, habe ich mir viele Gedanken gemacht und will Dir nicht im Weg stehen. Was auch immer ich zuletzt geschrieben habe, es geschah in

gutem Glauben und nicht mit der Absicht, Dich zu verletzen. Jedermann wünscht sich doch nur das Beste für seine Kinder.

Wir wollen, dass Ihr beide nach dem Studium nach Indien kommt, um hier den Menschen zu helfen.

In Liebe
Dein Vater Dayalal

Im November 1966 schrieb meine Mutter einen ersten Brief an Jutta:

Liebe Jutta, *Mumbai, 29. 11. 1966*

Es ist erstaunlich, dass Du unseren Sohn, auf den wir so stolz sind, erobert hast. Du bist wirklich eine Glücksfee. In unserer Kaste hätten die Mädchen gerne einen solchen Jungen genommen. Du hast großes Glück, so einen intelligenten, gut aussehenden und großzügigen Mann zu heiraten.

Dazu gratulieren wir Dir herzlich und wünschen alles Gute in der Zukunft. Ich hoffe, Du respektierst unsere Religion und akzeptierst unsere Familie. Du sollst Dich bei uns wohlfühlen.

Wir hoffen, dass Ihr alles tun werdet, um die Ehe glücklich zu gestalten. Mein Sohn ist wie ein Juwel. Bitte versuche, ihn so zu behandeln, dass er Dir lebenslang Freude bereitet.

Wenn Du darüber nachgedacht hast, schreibe mir Deine Meinung.

In Erwartung Deiner Antwort,
Mummy
P.S.: Pass auf ihn auf und lass nicht zu, dass er sein Studium vernachlässigt.

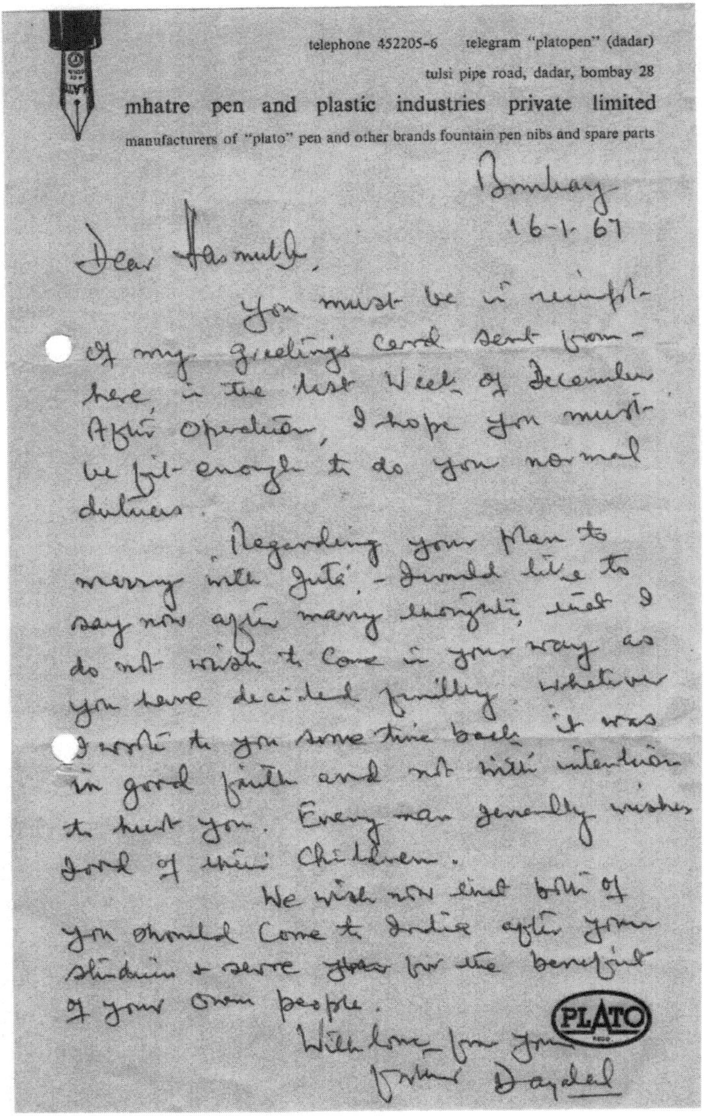
telephone 452205-6 telegram "platopen" (dadar)
tulsi pipe road, dadar, bombay 28
mhatre pen and plastic industries private limited
manufacturers of "plato" pen and other brands fountain pen nibs and spare parts

Bombay
16-1-67

Dear Hasmukh,

You must be in receipt of my greetings card sent from here in the last week of December. After operation, I hope you must be fit enough to do your normal duties.

Regarding your plan to marry with Jutta – I would like to say now after many thoughts, that I do not wish to come in your way as you have decided finally. Whatever I wrote to you some time back it was in good faith and not with intention to hurt you. Every man generally wishes good of their Children.

We wish now that both of you should come to India after your studies & serve there for the benefit of your own people.

With love for you
father Dayalal

Juttas Familie reagierte auf unsere Heiratspläne ähnlich. Juttas Vater war 1965 gestorben. Sie hatte keine Geschwister. Ihre Mutter war entsetzt darüber, dass ihre einzige Tochter einen Ausländer heiraten und vielleicht für immer nach Indien gehen würde. Sie sah nur Schwierigkeiten und Konflikte voraus. Die Ehe war für sie zum Scheitern verurteilt. Als ihr Einspruch nichts nützte, entzog sie ihrer Tochter die finanzielle Unterstützung. Meine Freundin war empört über diesen – wie sie es nannte – Erpressungsversuch und brach die Verbindung zu ihrer Mutter ab. Ihren Unterhalt finanzierte sie fortan mit ihrer halben Waisenrente und einer Bürotätigkeit in den Semesterferien. Ungefähr ein Jahr dauerte es, bis Mutter und Tochter sich wieder annäherten.

Wir nahmen unseren Familien ihre ablehnende Haltung aber nicht übel. Im Gegenteil, wir verstanden die Gründe und teilten selbst die Bedenken. Wir wussten, dass beträchtliche Schwierigkeiten auf uns zukommen würden.

Nachdem beide Familien unsere Heirat akzeptiert hatten, waren sie auch bereit, mit Zuneigung und Toleranz auf ihre Schwiegerkinder zuzugehen. Meine Schwiegermutter schätzte mich immer mehr, je länger sie mich kannte. Sie nahm regen Anteil an meinen beruflichen Erfolgen und war stolz auf mich. Auch meine Eltern verstanden sich gut mit Jutta. Sie mochten und respektierten sie. Diese Haltung beruhte auf Gegenseitigkeit.

Wir schätzten an unseren Eltern, dass sie sich nie in unsere ehelichen Probleme einmischten. Wenn sie Differenzen am Rande miterlebten, sagten sie manchmal ihre Meinung oder erteilten gelegentlich einen Ratschlag. Aber sie ergriffen niemals Partei und überließen die Lösung uns. Das ersparte uns Verteidigung, Erklärung oder Rechtfertigung vor dem einen oder anderen Elternteil. Wir brauchten uns nicht bedrängt zu fühlen und konnten uns auf uns selbst konzentrieren.

Im Mai 1968 sollte meine Schwester Usha heiraten. Sie hatte sich in einen jungen Musiker verliebt, der als Geiger in einem berühmten Orchester spielte. Dessen Dirigent, Jaikishan, war mit meinem zukünftigen Schwager verwandt. Die Familie hatte eine Reihe musikalischer Begabungen vorzuweisen. Jaikishan selbst komponierte und dirigierte die Musik in zahlreichen bekannten Hindifilmen.

Meine Eltern waren gegen die Heirat, weil Suresh einer anderen Kaste angehörte. Aber meine Schwester kämpfte für ihre Liebe mit dem Argument, dass auch ihr ältester Bruder (ich) „Outcast“ heiraten wollte. Damit entkräftete sie jeden Widerstand seitens der Eltern. Da ich mit dem Studium fertig war und der Termin für Ushas Heirat feststand, wünschte mein Vater, dass ich mit meiner deutschen Freundin zur Hochzeit kommen sollte. Jutta und ich flogen gemeinsam nach Mumbai.

Sie blieb vier Wochen, ich, nach meiner langjährigen Abwesenheit, etwa drei Monate. Es wurde ein krisen- und konfliktreicher Aufenthalt. Das Klima im Mai war mörderisch: 40 °C bei hoher Luftfeuchtigkeit. Hinzu kamen der Smog, der Schmutz und die Menschenmassen der Riesenstadt.

Bild 17: Suresh und Usha

Bild 18: Jaikishan, Jutta und Hasmukh

Nicht zu vergessen die Umstände einer indischen Hochzeit: Hunderte eingeladener Gäste, Wunsch- und Pflichtbesuche bei Familienangehörigen und Freunden, der Schock einer fremden Kultur, mit dem Jutta kämpfte und dessen Auswirkungen ich ausbaden musste, da sie ihren Frust bei mir ablud. Ich saß gewissermaßen zwischen zwei Stühlen. Auf der einen Seite gab es die Erwartungen meiner Familie, auf der anderen Juttas Schwierigkeiten mit der Situation.

Sie erlebte Indien anders als ein normaler Tourist. Sie sah sich in einer Zwangsjacke von Verpflichtungen und Rücksichtnahmen. Sie konnte nicht in irgendwelche „Schonbereiche“ flüchten.

Eine weitere Schwierigkeit bestand darin, meinen Eltern zu erklären, dass wir in Deutschland bleiben und nicht nach Indien ziehen wollten. Schwierig war dies deshalb, weil in Indien in der Regel der älteste Sohn die Alters- und Sozialversicherung der Eltern übernimmt. So musste es Vater und Mutter vorkommen, als hätten sie mich an Deutschland und Jutta verloren. Ich sehe meinen Vater noch vor mir und höre seine Worte: „Nie hätte ich geglaubt, dass ich im Alter einsam und verlassen sein würde!“ Es war ein harter Schlag für meine Eltern. Es dauerte lange, bis sie die neue Realität akzeptieren und verstehen konnten. Schon damals begriff ich, was ich meinen Eltern abverlangte. Sie leisteten viel an Toleranz und Verzicht.

Nach sieben Jahren in Deutschland – wo ich andere Maßstäbe, eine andere Lebensweise und andere Werte kennen und schätzen gelernt hatte – erschien mir Indien völlig verändert. Ich war nicht mehr die Person meiner Kindheit und Jugend. Einerseits stand ich nun indischen Phänomenen, die ich früher nicht hinterfragt hatte, sehr kritisch gegenüber, andererseits fand ich einen neuen Zugang zu indischen Werten, weil sie im Westen wenig Geltung besaßen.

Nachdem Jutta heimgeflogen war, erbat sie sich von mir eine Bedenkzeit hinsichtlich unserer Heirat. Sie hatte das Schockerlebnis Indien noch nicht verkraftet. Wir mussten viele und lange Diskussionen führen, bis sie sich endlich klar entscheiden konnte.

Dann beschlossen wir, uns 1969 zu verloben. Wir planten eine kleine Feier im Rahmen ihres Geburtstages am 26. Dezember. Dazu luden wir ein befreundetes Paar und meinen Bruder Dilip ein, der damals in England arbeitete. Wir feierten in der Odenkirchener Wohnung, bei Juttas Mutter. Nach dem Kaffeetrinken steckten wir uns gegenseitig die Ringe aus Gold an, die wir in Bonn ausgesucht und gekauft hatten. Erst vor der Hochzeit ließen wir Namen und Hochzeitsdatum eingravieren. Der Ring gilt seit Urzeiten als Symbol der Liebe, der Verbundenheit, der Zusammengehörigkeit, der Einheit und Treue, weil er keinen Anfang und kein Ende hat.

In Indien kennt man den Ehering aber nicht. Bei einem Mann sieht man daher nicht, ob er verheiratet oder ledig ist. Die Frau hingegen trägt ein Mangalsutra, ein Collier aus goldenen und schwarzen Perlen. Es wird ihr vom Ehemann geschenkt und gilt als Symbol der ewigen Bindung. Außerdem kennzeichnet sie sich mit dem „Sindur“, einem Streifen aus rotem Puder am Haaransatz, oder dem „Bindi“, einem roten Punkt zwischen den Augenbrauen. Witwen dürfen kein Bindi mehr tragen. Heutzutage hält man sich nicht mehr so streng an die Traditionen. Viele moderne Mädchen und Frauen betrachten den roten Punkt als rein modischen Schmuck.

Bild 19: Verlobung in Odenkirchen

Am 30. Juni 1970 – nach Juttas Staatsexamen – heirateten wir standesamtlich in Bad Godesberg. Trauzeugen waren mein deutscher Bruder Wolfram Schubert und Pater Dr. Bernhard Neumann, ein Verwandter von Jutta. In den siebziger Jahren musste man als Katholik für die kirchliche Trauung noch einen bischöflichen Dispens beantragen, wenn die Wahl auf einen Nichtchristen gefallen war. Für uns war die religiöse Eheschließung wichtig. Als Hindu hatte ich, vom Toleranzgedanken her, keine großen Probleme, in die christlichen Forderungen einzuwilligen. Gleichwohl hätte ich eine traditionelle Hinduhochzeit bevorzugt. Um dennoch einen indischen Anteil in die Heiratsrituale einzubringen, hängten wir uns nach der standesamtlichen Trauung – im Kreis unserer Gäste – Blumengirlanden um den Hals. Meine Mutter segnete uns.

Nachmittags fand dann die kirchliche Trauung in der Krypta des Bonner Münsters statt. Pater Dr. Dr. Pauels, der Jutta als langjähriger väterlicher Begleiter sehr nahe stand, traute uns. Er sollte später auch unsere Kinder taufen. Ich hatte Dr. Faßbender, meinen damaligen chirurgischen Chef in Rheinbach, gebeten, bei der Feier als Stellvertreter meines

Vaters anwesend zu sein. Er sagte bereitwillig zu und hielt eine warmherzige Rede. Wir hatten etwa 40 Gäste eingeladen: Verwandte und Freunde. Wir feierten auf der Godesburg.

Schon vor der Hochzeit hatten wir eine gemeinsame Wohnung gesucht und sie in der Dahlienstraße in Rheinbach gefunden. Mit der finanziellen Hilfe meiner Schwiegermutter richteten wir sie komplett ein. So konnten wir an unserem Hochzeitstag ein neues Heim beziehen. Es enthielt auch ein Gästezimmer für meine Mutter. Ich war glücklich, dass sie zur Hochzeit gekommen war. Für beide Eltern wären Flug und Aufenthalt zu teuer geworden. Da mein Vater mich schon einmal besucht hatte, sollte nun meine Mutter an der Reihe sein. Es war ihr erster Besuch im Westen. Sie blieb drei Monate.

Bild 20: Kirchliche Trauung

Nach der Hochzeit brachen wir mit meiner Mutter zu einer Reise nach Nordfrankreich, Paris und Brüssel auf. Ich freute mich und empfand Genugtuung darüber, dass ich ihr Europa zeigen konnte.

Meine Mutter war voll des Lobes über den zivilisatorischen und technischen Fortschritt Europas. Sie begegnete ihm auf Schritt und Tritt, in der Öffentlichkeit wie beim Besuch privater Wohnungen.

Sie selbst hatte ja lange in Armut und Bescheidenheit gelebt. Ihr Motto hieß immer, nach Kräften sparen. In Indien wird noch die kleinste Schraube aufgehoben. Alles wird bis zum äußersten Verfall genutzt und verwertet. In den Augen meiner Mutter quoll das westliche Leben über von Reichtum. Da sie ihrerseits nichts vergeuden wollte und konnte, nahm sie aus den Hotels und Restaurants sämtliche nicht verzehrten Lebensmittel mit – portionierte Marmeladen, Butter, Honig, Kondensmilch, Zucker-, Salz- und Pfeffertütchen – und verbrauchte sie daheim. „Das haben wir doch alles bezahlt“, protestierte sie, wenn ich Einspruch erhob. Von jeder Reise brachten wir ein Souvenir immer mit nachhause. Eine große Plastiktüte wurde mit Seifen, Bodylotions, Shampoos, Kämmen und Zahnbürsten gefüllt. Sie hatte den Inhalt in den diversen Badezimmern der Hotels gesammelt. Später wurde er in Indien an Verwandte und Freunde verteilte.

Mit den Mahlzeiten in den Gaststätten und Hotels hatte sie beträchtliche Probleme. Es fiel ihr schwer, mit Messer und Gabel zu essen. Meistens benutzte sie einen Löffel oder eine Gabel.

Da sie als strenge Vegetarierin weder Fleisch noch Fisch oder Eier anrührte, war ihre Speiseauswahl nicht eben reichhaltig. Sie beschränkte sich auf Brot, Reis, Kartoffeln, Nudeln, Salat und Gemüsesuppen. Daheim war es einfacher. Sie kochte fast immer selbst, natürlich indisch. Einmal fiel sie, vor dem Herd stehend, Jutta in die Arme und entriss ihr voller Entsetzen den Kochlöffel. Meine ahnungslose Frau hatte den Löffel, mit dem sie eben noch im Fleischtopf gerührt hatte, ins Gemüse tauchen wollen. Vegetarisches Essen durfte mit Fleisch nicht in Kontakt kommen. Was Kuchen anging, zeigte sich meine Mutter großzügiger. Als meine Frau ihr fairerweise mitteilte, dass im Kuchen Eier wären, winkte sie ab und sagte: „Ich will’s nicht wissen. Ich sehe keine Eier, schmecke sie nicht und weiß von nichts." Das Verbot, Fleisch zu essen, war zwar ein religiöses Prinzip. Darüber hinaus war es ein so starkes Tabu, dass es mit unüberwindlichem Ekel verknüpft war. Sie erklärte, dass sie sich erbrechen müsste, wenn sie auch nur ein Stück Wurst oder Fleisch im Mund hätte. Vielleicht wird diese Tatsache für einen Deutschen verständlicher, wenn er sich vorstellt, er müsste Hund, Katze oder Ratte essen.

Immer wieder verglich sie die Armut in Indien mit dem Konsumverhalten, das sie bei den Deutschen beobachtete. Sie übte heftige Kritik an der westlichen Wegwerfgesellschaft. Die leeren Joghurtbecher und Plastikbehälter aus Kunststoff, die Jutta wegwarf, holte sie wieder aus dem Mülleimer. Alle Erklärungen meiner Frau nutzten nichts. Meine Mutter ertrug eine solche Verschwendung nicht. Sie spülte, trocknete und stapelte die Plastikbecher zwecks weiterer Verwendung in der Abstellkammer. Wenn sie sich verabschiedete, hinterließ sie uns jedes Mal mehrere hundert Plastikbecher.

Ich glaube, materieller Besitz und ein komfortables Leben bedeuteten ihr wenig. Sie war bescheiden in ihren Bedürfnissen und leicht zufriedenzustellen. Das Einzige, was sie wirklich brauchte, waren Menschen um sie herum. Allein fühlte sie sich einsam.

Sie staunte über den Individualismus und die Eigenständigkeit deutscher Menschen und deren Bedürfnis, ein eigenbestimmtes Leben zu führen.

In dem Haus, das unsere erste Wohnung beherbergte, hatten wir sympathische und nette Nachbarn, die wir regelmäßig, an geselligen Abenden, trafen. Dann zog jedoch genau über uns ein alkoholkrankes Ehepaar ein. Immer am Freitagnachmittag begann ihr gemeinschaftliches Besäufnis, das erst am Sonntag – spät in der Nacht – endete. Sie saß in der Küche und er in einem anderen Zimmer. Im Sommer saßen sie auf dem

Balkon. Nach einleitenden Monologen und Selbstgesprächen fingen sie an, sich bei geöffneten Türen und Fenstern lautstark zu beschimpfen und die Defizite ihrer Ehe aufzurollen. Passanten auf der Straße blieben stehen, suchten offensichtlich nach der Geräuschquelle und hörten dem Drama zu, das hemmungslos vor ihnen ausgebreitet wurde. Weder Besenklopfen gegen die Zimmerdecke noch Klingeln an der Tür bewegten sie zu einer Verringerung ihrer Lautstärke. Sie reagierten einfach nicht. Einen Sommer lang konnten wir nicht mehr unseren Balkon benutzen. Als Ausdruck ihres Ärgers ließ meine Frau in den Blumenkästen Brennnesseln wachsen und „pflanzte" darin hölzerne Kochlöffel statt Blumen. Alle Proteste der Mitbewohner – auch an die Adresse der Wohngesellschaft – führten nicht zum Auszug des Paares. Der erfolgte erst, als eines Nachmittags die Polizei ihre Tür aufbrechen musste. Unser Nachbar wurde wegen Alkohol am Steuer und Fahrerflucht abgeführt.

4. Kapitel

Geburt und Tod

Sunita

Unser erstes Kind wurde an unserem zweiten Hochzeitstag, dem 30. Juni 1972, um 9.45 Uhr, im Rheinbacher Krankenhaus geboren.

Die Schwangerschaft war kompliziert gewesen. Jutta hatte fünf Monate lang ruhig liegen müssen, um einer Fehlgeburt vorzubeugen. Die letzten Wochen verliefen normal. Ich war bei der Geburt anwesend. Da ich bereits selbständig eine Reihe von Geburten bei Patientinnen durchgeführt hatte, war ich selbstverständlich viel weniger aufgeregt als ein medizinischer Laie. Beim Durchtritt des Kopfes führte ich eine kurze Narkose durch. Das Kind war ein Mädchen. Sie schrie nach dem ersten Atemzug. Ich hielt sie nach dem Abnabeln im Arm. Dann legte ich sie meiner Frau auf den Bauch.

Sie war 52 cm groß, 3380 g schwer, hatte blaue Augen und dichte schwarze Haare, die bis in die Stirn wuchsen. Sie war wunderschön. Ich war so glücklich und stolz, dass ich es allen Ärzten und Schwestern der Station verkündete. Ich lud sie alle in Juttas Zimmer zu einem Glas Sekt ein.

Anschließend telefonierte ich nach Indien, um die frohe Nachricht weiterzuleiten. Meine Eltern informierten Verwandte und Freunde. Sie verteilten als Ausdruck ihrer Freude Süßigkeiten.

Getauft wurde unsere Tochter bei uns in Rheinbach von Pater Dr. Dr. Pauels auf die Namen Sunita (indisch) und Nicole (europäisch). Die Taufe fand am 23. Juli 1972 statt. Taufpaten waren Dr. Ursula Geller und Marie Odile Eck, die langjährige französische Freundin meiner Frau.

Sunita war ein wunderbares Baby, ein bildhübsches Mädchen. Nachts weinte sie viel und hielt meine Frau immer auf Trab. Vor allem beschäftigte sie sich mit Puppen. Sie spielte gerne kleine Rollenspiele, bei denen sie - perfekt in Tonfall und Gestik – Frauen unseres Bekanntenkreises imitierte, weil sie irgendwie von ihnen beeindruckt war. Man erkannte nach wenigen Minuten, um wen es sich handelte. Meine Frau sah sich so gezwungen, ganze Nachmittage in Unterhaltung mit Damen zu verbringen, die Sunita unermüdlich darstellte und die meine Frau tödlich langweilten.

Unsere Tochter liebte auch die Weihnachtszeit, mit den üppigen Dekorationen und der Musik. Das hieß für uns: Ab dem ersten Advent liefen stundenlang Cassetten mit Weihnachtsliedern. Es wäre schön gewesen, wenn wir uns spätestens Ende Januar von der „Stillen Nacht“ hätten verabschieden können. Aber Sunita vermochte sich nicht so leicht davon zu lösen. Also lauschten wir manchmal bis Mitte August Weihnachtsliedern, wie „Leise rieselt der Schnee“ oder „O Tannenbaum“.

Begeistert war Sunita dann über die Neuankömmlinge, ihre beiden Brüder. Das Wickeln, Baden und Füttern wollte sie nicht versäumen. Mit ihren Puppen spielte sie alles nach. Bei Ajays Geburt war sie schon alt genug, um ihn selbst versorgen zu können. Meine Frau beschwerte sich ab und zu scherzhaft, sie müsse Sunita um Erlaubnis fragen, wenn sie ihren Sohn auf den Arm nehmen wolle. Im Alter von acht Jahren konnte man sie bereits einige Stunden mit Anil und Ajay alleinlassen. Sie langweilten sich nie. Sunita achtete auf mögliche Gefahren. Die Jungen gehorchten ihr und liebten sie sehr.

Es kam erst zu Problemen, als Sunita sich in der Pubertät Freundinnen zuwandte und von ihren Brüdern abrückte. Anil und Ajay verstanden das nicht. Vor allem Anil lief zunächst wie ein Hündchen hinter den Mädchen her. Er wurde aggressiv, als er begriff, dass er nicht erwünscht war. Er entwickelte unschöne Strategien, um sich an seiner Schwester zu rächen. Als die Jungen älter wurden, näherten sie sich Sunita wieder an. Glücklicherweise wuchsen neu Freundschaft und Vertrauen zwischen ihnen.

Für Sunita standen familiäre und freundschaftliche Bindungen im Mittelpunkt. Ihre Lehrer stellten lobend fest, dass sie niemals andere Kinder ablehnte oder ausstieß, sondern sie immer in ihre Gruppe integrierte. Soziale Beziehungen bedeuteten ihr viel. Dagegen war ihr schulischer Ehrgeiz bescheidener. Ihr Interesse galt vornehmlich der Musik, dem Lesen und dem Tanzen. Das ist in mancher Hinsicht bis heute so geblieben.

Vor allem liebte sie den Tanz. Seit ihrem 10. Lebensjahr besuchte sie Ballettschulen. Zeitweise spielte sie mit dem Gedanken, das Hobby zum Beruf zu machen. Da ich diese Neigung unterstützte, fuhr ich mehrere Male mit ihr zu Workshops nach Dortmund und Stuttgart. Sie dauerten in der Regel eine Woche und wurden von namhaften Lehrern geleitet. Wir waren begeistert von der Atmosphäre, der Kreativität und der Disziplin, die bei den Veranstaltungen herrschte. Am Ende eines anstrengenden Tages war sie allerdings geschafft und freute sich darauf, mit mir italienisch essen zu gehen.

Diese gemeinsamen Unternehmungen verbanden uns sehr. Ich war stolz auf meine tanzende Tochter.

Sunita und Michael heirateten am 9. Mai 1999 standesamtlich, am 22. Mai dann auch kirchlich. Wir hatten mehr als 120 Gäste aus dem In- und Ausland eingeladen. Aus Indien kam mein Vater, der damals bereits 80 Jahre alt war. Meine Mutter hatte einen Herzinfarkt erlitten. Die Ärzte erlaubten ihr daher nicht, nach Deutschland zu fliegen.

Als indischer Vater, der seine einzige Tochter verheiratet, wollte ich die gesamte Hochzeitsplanung selbst in die Hand nehmen. Ich wäre am liebsten mit Sunita nach Indien geflogen, um dort für ihre Aussteuer Goldschmuck anfertigen zu lassen, so wie es üblich war. Doch ich musste erkennen, dass meine Wünsche mit jenen meiner Tochter durchaus nicht übereinstimmten. Sie und Michael wollten das Fest nach ihren Vorstellungen gestalten. Meine Frau musste manchmal vermitteln, um Kompromisse auszuhandeln. Es wurde aber eine große und schöne Hochzeitsfeier, die wir alle genossen und an die wir noch heute gerne zurückdenken.

Bild 21: Sunita und Michael als Brautpaar

Sie heiratete einen Mann, den wir als Schwiegersohn sehr schätzen. Inzwischen arbeitet sie nicht mehr in ihrem gelernten Beruf als Konditorin, sondern als Tagesmutter, eine Tätigkeit, wo sie ihre Zuneigung zu Kindern gut einbringen kann.

Sunita und Michael haben seit Jahren eine wunderschöne schwarz-weiße Hündin. Sie heißt Lina – die Namensumkehrung von Anil. Manchmal machen wir Hunde-Sitting. Wir erfreuen uns also an einem Tier, ohne dass wir die Pflichten übernehmen müssen.

Wenn Lina bei uns ist, gehe ich sogar freiwillig mit ihr spazieren. Ansonsten erfinde ich meist Ausreden, um zuhause bleiben zu können: Ich behaupte, dass es zu kalt, zu windig, zu heiß sei – oder es regnet und schneit zu viel.

Anil

In Kommern wurde am 14. Oktober 1975 unser zweites Kind, Anil Michael, geboren. Auch diese Schwangerschaft war mit Komplikationen verbunden. Der Gynäkologe befürchtete eine Bauchhöhlenschwangerschaft, was sich aber glücklicherweise als Irrtum herausstellte. Trotzdem musste meine Frau mit Blutungen ins Krankenhaus. Das Kind wurde gehalten, aber sie musste wieder bis zum 6. Monat liegen. Meine Mutter war in dieser Zeit bei uns. Sie war eine große Hilfe.

Anil war ein zufriedenes Baby, das die Nächte durchschlief und wenig weinte. Er hatte große blaue Augen und blonde Haare, die innerhalb weniger Monate nachdunkelten. Sunita beschäftigte sich kontinuierlich und ausgiebig mit ihm. Sie wurde nach der Mama seine wichtigste Bezugsperson. Sobald er halbwegs sprechen konnte, befolgte er bereitwillig Sunitas Anweisungen. So sagte sie ihm etwa: „Du bist jetzt ein Hund." Daraufhin antwortete er: „Wau! Wau!" Er war derart auf ihre Person fixiert, dass er sich später im Kindergarten nicht allein beschäftigen konnte. Stets wartete er auf Vorschläge und Hilfestellungen beim Spiel.

Erst im Alter von acht Jahren – als sich seine Schwester mehr ihren Freundinnen zuwandte – begann er selbständig und kreativ zu spielen und eigene Freunde um sich zu sammeln.

Er mochte leidenschaftlich gerne Paradiescreme mit Schokoladengeschmack. Als er sechs Jahre alt war, konnte er sie schließlich selbst zubereiten. Er schüttete das Pulver in die abgemessene Milchmenge und verrührte es mit dem Handmixer zu einer Creme. Wenn die Milch aufgebraucht war, nahm er aber auch mit dem bloßen Pulver vorlieb, das er dann mit dem Löffel aß. Meine Frau fand häufig Packungen, die er, nachdem sie leer waren, unter das Bett geworfen hatte. Eines Abends waren wir mit dem Auto auf dem Heimweg. Er fragte, wie es im Himmel sei. Jutta versuchte, mit einfachen Beispielen einen seligen Zustand zu erklären. Sie sagte schließlich, im Paradies würde die Sehnsucht gestillt und alle Wünsche würden erfüllt. Er schwieg eine Weile. Dann sagte er: „Gibt es da auch Paradiescreme?“ „Wenn du dir Paradiescreme so sehr wünschst, bekommst du sie im Himmel bestimmt“, antwortete meine Frau. Wieder nachdenkliches Schweigen. Dann brach es aus ihm heraus: „Aber die haben dort bestimmt keinen elektrischen Handmixer!“

Er hatte einen ausgeprägten Eigenwillen, der sich in seiner heftigen Trotzphase zeigte. Ab dem zweiten Lebensjahr zählten „Nein“ und „Ich will nicht“ zu seinen bevorzugten Antworten. Als er älter wurde, entwickelte er ein ausgeprägtes Empfinden für Gerechtigkeit und Respekt. Er wollte als Kind von den Erwachsenen ernst genommen und nicht autoritär abgewimmelt werden. Fühlte er sich schlecht behandelt, reagierte er konfrontativ bis aggressiv.

Manchmal war er auch ehrlicher und spontaner, als uns lieb war. Eines Abends hatten wir Besuch. Es gab indisches Essen, natürlich mit Gewürzen. Einem der Gäste fiel etwas davon auf den hellen Teppichboden. Es war ihm sehr peinlich. Meine Frau bemühte sich, ihn zu beruhigen. Anil hatte die Szene aufmerksam beobachtet. Er erhob seine Stimme: „Wenn uns das passiert wäre, Mama, hättest du nicht gesagt, dass es nicht schlimm ist. Mit uns hättest du geschimpft. Aber Gäste dürfen ja alles.“

Er interessierte sich für Tiere, besonders für Raubkatzen und Hunde. Gerne wollte er Tierpfleger oder Schafhirte werden. Jutta schenkte ihm einen zitronengelben Wellensittich, der bis zu seinem Tod sein Zimmergenosse war. Kiki hatte sogar sprechen gelernt und imitierte Vogelstimmen. Oft klopften Meisen und Buchfinken an die Fensterscheibe, um mit dem Vogel, der sie von innen rief, Kontakt aufzunehmen.

Alle unsere Kinder liebten Tiere. Wir hatten immer verschiedene Kleintiere, vom Hamster über Vögel bis zu Zwergkaninchen. Letztere wuchsen sich zu Riesenkaninchen aus. Anlässlich der Stallreinigung ergriffen sie schon mal die Flucht. Eines Samstags hetzte ich mit meiner Frau hinter zwei Tieren her, um sie wieder einzufangen. Es regnete in Strömen. Wir kletterten sogar über Zäune und durchquerten nachbarliche Gärten, bis wir sie endlich erwischten.

Wir diskutierten immer wieder über die Anschaffung eines Hundes, schreckten jedoch vor der langfristigen Bindung und Verantwortung zurück. Die Kinder wünschten sich brennend einen Hund. Die Hauptarbeit aber wäre an meiner Frau hängen geblieben. Beim Besuch eines Schlittenrennens mit Huskys nahmen wir Kontakt zu Züchtern in Kalterherberg auf. Wenn man erst einmal einen Welpen im Arm gehalten hat, ist man schon fast „weichgeklopft". Den ganzen Sonntagabend saßen wir zusammen und überlegten, wie wir Haus und Garten für einen jungen Husky herrichten könnten. Zum Kummer der Kinder scheiterte der Plan jedoch daran, dass meine Frau sich, auf die Warnung einer Freundin hin, Literatur über die Haltung von Schlittenhunden besorgte. Nach dieser Lektüre erfolgte das Aus für den Husky.

Welch ein Glück, dass sich unsere Nachbarn einen Welpen angeschafft hatten. Anil war hellauf begeistert. Jeden Tag spielte er mit dem jungen Hund und führte ihn spazieren. Falco wurde sein bester Freund. Wenn die Besitzer über das Wochenende wegfuhren, übernahm er verantwortungsbewusst die Pflege für den Hund. Er kannte sich schließlich so gut mit

Hunderassen und Hundehaltung aus, dass seine Biologielehrerin glaubte, wir wären Hundebesitzer.

Ebenso wie seine Schwester hatte er die Gabe, andere in Ton und Gestik imitieren zu können. Dies brachte uns – in Verbindung mit seinem Witz – oft zum Lachen. Gerne heckte er Streiche aus, vor allem mit Tom, einem jüngeren Freund, der immer für Abenteuer zu haben war. Eines Tages verklebten sie einer Nachbarin die Sprechanlage an der Haustür mit einem Kilo frischem Goudakäse. Die Dame war verständlicherweise mehr als verärgert. Die beiden Jungen entschuldigten sich mehrmals bei ihr. Kein Wunder, dass er auch die Geschichten vom rothaarigen Kobold Pumuckl sehr liebte.

Ajay

Unser jüngster Sohn Ajay Markus wurde am 15. Juli 1979 in Simmerath geboren. Er war ein ungeplantes Kind. Meine Frau entdeckte, dass sie schwanger war, als die Flugkarten für unseren Indienflug eingetroffen waren. Wir wollten im Dezember 1978 mit Anil, Sunita und meiner Schwiegermutter zur Hochzeit meines jüngsten Bruders nach Mumbai fliegen. Da Jutta von ihrem ersten Indienaufenthalt her wusste, was sie in jenem Land erwartete und gerade zwei komplizierte Schwangerschaften hinter sich hatte, wollte sie nicht mitkommen.

Doch allein in Simmerath zu bleiben, war ihr auch nicht recht. Wenigstens Anil wollte sie bei sich behalten. Da meine Schwiegermutter nicht den Mut aufbrachte, ohne ihre Tochter das Abenteuer Indien zu wagen, musste ich nun drei Tickets stornieren. Ich nahm nur Sunita mit. Sie war knapp sechs Jahre alt.

Die Schwangerschaft verlief normal, die Geburt rasant.

Der Gynäkologe rief meiner Frau zu: „Nicht so schnell, langsamer pressen!“ Jutta konnte darauf nicht reagieren. Wehe folgte auf Wehe. Jutta hatte meine Hand gepackt. Sie zerdrückte mir fast die Finger. Ich sprang vor Schmerzen auf und ab. Schließlich rief ich: „Lass mich los! Lass mich los!“ Doch sie sah und hörte nichts. Sie hielt mich eisern im Griff. Mit einer einzigen Presswehe wurde Ajay geboren. Kaum war er draußen, waren die Schmerzen meiner Frau wie weggeblasen. Sie ließ meine Hand fallen.

Ajay war ein zartes Baby und anfällig für jede Art von Infektion. Er bekam alle Kinderkrankheiten und zwar in der schlimmsten Form. Sein Immunsystem stabilisierte sich erst, als er mit acht Jahren dem Fußballverein der Hansa beitrat.

Ansonsten war er pflegeleicht. Er schrie nicht viel. Man konnte ihn ohne Risiko überall mitnehmen. Meine Frau besuchte mit ihm manchmal Museen oder Ausstellungen. Sie legte ihn dort auf eine Decke am Boden. Er vergnügte sich dann mehrere Stunden mit seinem Spielzeug, ohne zu stören oder Lärm zu machen.

Anil und Ajay hatten das, was man ein „Ballgefühl“ nennt. Sie waren gute Fußball- und Tischtennisspieler. Mit acht Jahren traten sie dem Fußballverein der Hansa bei. Von da an verbrachten wir unsere Samstage und Sonntage häufig in Turnhallen und auf Sportplätzen, um die beiden mit ihrer Mannschaft anzufeuern oder sie zu trösten, wenn sie verloren hatten. Auch in unserer Siedlung fanden sich alle Jungen zum Fußball zusammen. Manchmal spielten sie sogar auf dem Sportplatz der Hauptschule mit den alten Herren. Wenn der Sportplatz nicht zur Verfügung stand, wurde unser Garten zum Fußballplatz umfunktioniert. Der Rasen litt darunter aber erheblich. Wo das Tor stand, wuchs im wahrsten Sinne des Wortes kein Gras mehr. Jahre später pflanzte meine Frau auf dem kahlen Fleck einen Holunderstrauch.

Zwar spiele ich selbst nicht Fußball, aber ich bin ein leidenschaftlicher Zuschauer, auch vor dem Fernseher.

Das Interesse an Sport verband mich mit den Jungen, auch die Begeisterung für Tennis.

Ihre Idole waren Boris Becker und Ivan Lendl. Anil und Ajay trugen stolz den Ivan-Lendl-Sportdress (ein Weihnachtsgeschenk) und hohe Schuhe von Adidas. Sie übten unermüdlich. Stunde um Stunde donnerten die Bälle an die Garagenwand oder an eine Zwischenwand im Keller. Wir befürchteten manchmal, die Stabilität des Hauses könne Schaden nehmen. Ich meldete sie im Tennisverein an und ließ sie Einzelstunden nehmen. Anil war Linkshänder. Ajay hingegen schlug und parierte wechselseitig mit der rechten und linken Hand. So brachten sie ihre Gegner gehörig aus der Fassung. In diesen Jahren spielte ich häufig mit den Kindern. Zu ihrer Freude verlor ich meistens.

Ajay hatte sich als Einziger von den Dreien von Kindheit an für Medizin interessiert. Er spielte mit Playmobil- und Legofiguren Notarzt und Krankenpfleger. Er hatte sich von mir Verbände und ein altes Stethoskop geholt und war für seine Plüschtiere der Anästhesist.

Er schleppte Medizinbücher an und ließ sich von mir erklären, wie Narkosegeräte funktionieren.

Dieses Interesse blieb. Als Jugendlicher machte er eine Sanitätsausbildung beim Deutschen Roten Kreuz. Nach dem Schulabschluss absolvierte er die zweijährige Ausbildung zum Rettungsassistenten. Als er einberufen werden sollte, verweigerte er den Militärdienst und leistete seinen Ersatzdienst beim DRK im Rettungsdienst.

Bild 22: Ajay beim DRK

Im Anschluss an die Lehre als Rettungsassistent begann er eine Ausbildung als Krankenpfleger im Malteserkrankenhaus in Simmerath. Sein Praktikum leistete er in der Psychiatrie. Sie faszinierte ihn derart, dass fortan für ihn feststand: Er würde nach dem Examen in psychiatrischen Abteilungen arbeiten. Ich versuchte, ihm andere Berufsmöglichkeiten schmackhaft zu machen, zum Beispiel den Dienst als Anästhesiepfleger. Doch er hatte sich entschieden und war nicht mehr davon abzubringen.

Seine erste Stelle bekam er in der Psychiatrie im Klinikum Aachen. Niemals erzählte er jedoch, dass sein Vater Chefarzt der Anästhesie war. Er wollte nicht verglichen werden. Er legte Wert darauf, dass man ihn, ohne positive oder negative Vorurteile, als eigenständige Person erlebte.

Ich war beruflich so eingespannt, dass ich nur wenig Zeit für unsere Kinder hatte. Die nahm ich mir dann aber an freien Tagen und in den Ferien. So fuhr ich zuerst mit Sunita, dann mit Sunita und Anil, schließlich mit Sunita, Anil und Ajay einmal im Jahr für eine Woche in den Schwarzwald. Es ging immer an denselben Ort (Neustadt am Titisee). Wir übernachteten jedes Mal im Romantik-Hotel zur Post. Der Hotelier fragte mich schließlich: „Sind Sie alleinerziehender Vater oder gehört zu den Kindern auch eine Mutter?“ Die erholte sich zuhause in Simmerath und genoss es, dass eine Zeit lang niemand „Jutta“ oder „Mama“ rief.

Ansonsten fuhren wir oft auf Nordseeinseln. Meine Frau liebte die dortige Landschaft und brachte sie auch uns nahe. Die Kinder mochten vor allem das ostfriesische Langeoog. Dort hinzufahren, vermittelte ein wenig das Gefühl, nachhause zu kommen. Jahre später – leider ohne Anil – entdeckten wir noch die westfriesische Insel Texel und Domburg.

Anils Tod

1990 begann, mit dem Einmarsch Saddam Husseins in Kuwait der erste Golfkrieg. Er endete am 28. Februar 1991 mit einem Waffenstillstand. An jenem Tag starb unser fünfzehnjähriger Sohn Anil. Jutta war an diesem Morgen, gemeinsam mit einigen Freundinnen, zu einem Frühstück eingeladen worden.

Als ich bei einem Patienten die erste Narkose beendet hatte, kam ein Anruf aus der Elwin-Christoffel-Schule. Der Rektor teilte mir mit knappen Worten mit, unser Sohn sei gestorben. Kurz zuvor hatte mein damaliger Oberarzt mich informiert, dass er zu einem Notarzteinsatz nach Monschau müsste.

Nach dem Anruf wusste ich sofort, dass es bei jenem Einsatz um Anil ging. Ich war so fassungslos, dass ich zu weinen begann. Noch am Morgen war er wohlauf. Er schien in keinster Weise gesundheitlich beeinträchtigt zu sein. Der Pflegeleiter der Intensivstation, Gottfried Völl, kam zu mir. Er wollte mich trösten. Ich rief meinen Freund und Kollegen Dr. Wiechmann an. Ich bat ihn, meine Frau abzuholen und nachhause zu bringen.

Er selbst äußerte sich später folgendermaßen:

„Wie belastbar die freundschaftliche Bindung war, zeigte sich am Todestag von Anil. HB bat mich im Krankenhaus tränenüberströmt, Jutta von einem Treffen in Simmerath abzuholen und nachhause zu geleiten. Anil sei in der Schule plötzlich zusammengebrochen und verstorben. Er selbst müsse sich sofort persönlich vergewissern und werde dann mit dem Rettungswagen nachhause kommen. Ich sollte seiner Frau noch nichts Endgültiges sagen.
Mit einem äußerst bedrückten Gefühl fuhren Jutta und ich zur Wohnung.Dass etwas sehr Schlimmes mit ihrem Sohn passiert war, teilte ich ihr mit, ließ aber noch ein Fünkchen Hoffnung bis zum persönlichen Erscheinen von Hasmukh. Die Stunde des Wartens bis zur letzten Gewissheit war endlos und für uns beide, in unserer hilflosen Ohnmacht, bedrückend. ‚Mit Anil darf nichts passiert sein. Über tödliche Schicksalsschläge liest man doch nur in der Zeitung.'Dann wieder Schweigen, Stille, Gedanken.
Als der Rettungswagen vor der Hausgarage hielt, lief Jutta dorthin, wo Hasmukh neben der Trage stand. Er rief: ‚Jutta, unser Sohn ist tot!' Sie umarmte stumm den friedlich daliegenden Anil und konnte das Unfassbare, Endgültige nicht begreifen. Ich zog mich nach einiger Zeit leise zurück, erschüttert von dem schlimmsten Schicksalsschlag, den Eltern erleben können."

Ich ließ mich von Herrn Völl nach Monschau fahren. In Imgenbroich kam uns der Rettungswagen entgegen. Wir hielten an und stiegen um. Mein Oberarzt fuhr fort, Anil zu reanimieren, obwohl der Tod bereits eingetreten war. Wie wir erfuhren, war er nach der Pause, ohne sichtbare Vorzeichen, einfach zusammengebrochen und nicht mehr zu sich gekommen. Während der Reanimation im RTW untersuchte ich ihn. Ich stellte fest, dass er weite, entrundete Pupillen hatte. Ich bat den Kollegen, die Wiederbelebung abzubrechen.

Der Fahrer des RTW erklärte sich auf meine Bitte bereit, uns zuerst nachhause zu fahren, wo meine Frau ja auf uns wartete. Als wir in die Garageneinfahrt fuhren, kam sie aus dem Haus gelaufen und stieg in den Wagen. Erst da sah und erfuhr sie, dass Anil tot war. Dr. Wiechmann hatte es ihr zuvor nicht sagen können.

Die Helfer legten Anil in ihre Arme. So konnte sie zwei Stunden lang einen ersten Abschied von ihm nehmen. Bis Anil in den Sarg gelegt wurde, parkte der RTW vor dem Krankenhaus und stand uns zur Verfügung. Das war nicht selbstverständlich. Es wurde uns durch den privaten Besitzer des Rettungsdienstes, Herrn Schmitz aus Höfen-Monschau, ermöglicht, der für diesen Einsatz auch keine Rechnung ausstellte.

Da wir die Todesursache nicht kannten, ließen wir Anil obduzieren. Er starb an einer Lungenentzündung ohne Symptome, einer abgelaufenen Herzmuskelentzündung und einer angeborenen Missbildung im Reizleitersystem des Herzens, was zu lebensgefährlichen Herzrhythmusstörungen führte. Damals war diese Fehlbildung nicht erkennbar. Da dieses Krankheitsbild in Deutschland unbekannt war, sollte ein ausländischer Gutachter hinzugezogen werden. Wir haben aber nie etwas über den Befund erfahren.

Bild 23: Anil im Alter von 14 Jahren

Anils plötzlicher Tod war ein Schlag, den ich kaum begreifen konnte. Erschwerend kam hinzu: Ich war Arzt und sah meine Aufgabe darin, Leben zu retten. Aber ausgerechnet das Leben meines Sohnes hatte ich nicht retten können. Ich habe mir immer wieder die Frage gestellt: Warum? Ich hatte doch in diesem Leben nichts Böses getan. Im Gegenteil, ich hatte Vielen geholfen. Eine Antwort gab mir mein Glaube an das Karma: Ein solches Schicksal konnte mir nur aufgrund der nachhaltigen Wirkung früherer Leben aufgebürdet werden.

Ich brauchte lange, um die bittere Wahrheit zu akzeptieren. Dabei half uns jedoch die herzliche Teilnahme zahlreicher Menschen. Von der ersten Minute an setzte diese Hilfe in unterschiedlichster Art und Weise ein. Obwohl es bürokratisch schwierig war, ermöglichte die deutsche Botschaft in Mumbai die sofortige Ausstellung eines Visums für meine Eltern. So kamen sie rechtzeitig zur Beerdigung. Ihre Anwesenheit tat mir gut. Ich durfte ein Stück weit wieder ihr Kind sein und mich trösten lassen. Auch mein Vetter Surya kam mit seiner Frau aus England.

Zum ersten Mal erlebte ich mit meinen Angehörigen eine christliche Beerdigung, bei der ich selbst so existentiell betroffen war. In den Ritualen spürte ich Teilnahme und Erschütterung und war von ihnen tief bewegt.

Nicht nur der Beistand guter Freunde, sondern vor allem auch die Tatsache, dass wir uns als Familie mit sehr unterschiedlichen Ausdrucksformen der Trauer gegenseitig tolerierten und akzeptierten, half uns unendlich in dieser schweren Zeit.

Sunita und Ajay wurden von ihren Freunden in bewegender Weise aufgefangen. Ajay wurde in eine Clique von Jungen aufgenommen, die er schon zuvor sehnsüchtig beäugt hatte und der er sich nun eng anschloss. Sie waren leidenschaftliche Anhänger des 1. FC Köln. Auch er wurde ein treuer Fan und schließlich sogar Mitglied des Fanclubs. Meine Frau fuhr die Jungen regelmäßig in voller Fan-Montur zu den Spielen nach Köln.

Auch Sunita verbrachte mit ihren 18 Jahren bereits viel Zeit außerhalb des Hauses. Ajay spürte mehr als sie die Einsamkeit und das Fehlen des Bruders. Es war schrecklich still bei uns geworden. Ajay wirkte ganz verloren. Wir wagten ein Jahr hindurch nicht, ihn abends allein zu lassen. Stets blieb Einer von uns bei ihm. In der Sylvesternacht 1991 – als er schon schlief – gingen wir noch für zwei Stunden zu Freunden im Ort. Bei unserer Rückkehr brannten alle Lichter im Haus. Er lag zusammengerollt und schlafend auf der Esszimmerbank, inmitten des gebrauchten Geschirrs und der nicht weggeräumten Spiele. Der Anblick tat uns von Herzen weh.

Die existentiellen Erlebnisse im Umkreis des Todes von Anil waren für meine Frau aber nicht nur schmerzlich, sondern – zum Erstaunen mancher Leute – auch bewegend positiv. In Deutschland sagt man über einen Verstorbenen, er habe das Zeitliche gesegnet. Ähnlich kleidete meine Frau ihre Erfahrungen in Worte: Sie fühle sich von Anil in seinem Tod gesegnet.

Aus Dankbarkeit wuchs in ihr das Bedürfnis, andere Menschen in seelischer Not zu begleiten. Sie hatte sich immer sehr für Psychologie interessiert. Nun stieg sie in berufsbegleitende psychotherapeutische Ausbildungen ein. Im Mittelpunkt stand dabei die sechsjährige Ausbildung zur Gestalttherapeutin. Wenige Jahre nach dem Abschluss wurde sie von der Europäischen Gesellschaft für Psychotherapie (EAP) als Psychotherapeutin anerkannt. Sie arbeitete ehrenamtlich in Beratungsinstituten und erweiterte kontinuierlich ihren Tätigkeitsbereich. Schließlich arbeitete sie jahrelang für „Frauen helfen Frauen“ und den Förderkreis krebskranker Kinder. Sie bot

Gruppen und Einzelberatung an. Ein Schwerpunkt wurde die Begleitung Trauernder, insbesondere auch jener, die ein Kind verloren hatten. Sie leitete Workshops und Fortbildungen für Ehrenamtler im Sozial- und Hospizdienst. Nebenbei hatte sie sich eine kleine Beratungspraxis in unserem Haus eingerichtet. Diese Arbeit mit Menschen interessierte und begeisterte sie. Sie sah und sieht in der Psychotherapie nicht nur ein Heilmittel für „Kranke", sondern auch eine wundervolle Möglichkeit persönlichen Wachstums und Reifens. Sehr häufig war sie außer Haus. Wenn sie daheim war, hatte sie oft Klienten oder musste Vorbereitungen für Gruppen und Seminare treffen. Sie konnte natürlich auch deshalb so viel unterwegs sein, weil die Kinder zunehmend selbständiger wurden und ihre Anwesenheit weniger brauchten. Anil war nicht mehr da, Sunita war fast erwachsen, Ajay wurde zunehmend älter und blieb außer Haus.

Unsere Rollen hatten sich gewissermaßen vertauscht. In dem Maße, wie sie sich nach außen und auf ihre Tätigkeit konzentrierte, zog ich mich ins Private zurück. Früher hatte sie viel Zeit im Haus verbracht, wenn ich Dienst hatte oder zusätzliche Aufgaben auf mich warteten. Nun war es umgekehrt. Ich war oft allein zuhause. Obwohl ich mich nie langweilte, war es doch manchmal schwer und anders, als ich es mir vorgestellt hatte. In Indien ist die Ehefrau meist bereit, zu jeder Zeit für ihren Mann verfügbar zu sein, gerade so viel oder wenig, wie er es wünscht. Von ihm erwartet sie nicht unbedingt dasselbe.

Mir war jedoch bewusst, dass ich Jutta nun denselben Freiraum geben musste, den sie mir zugestanden hatte. Um ehrlich zu sein: Auch mein Leben wurde durch ihre Arbeit bereichert. Wir hatten viel Gesprächsstoff. Neue Freunde kamen in unsere Familie.

Nach Anils Tod wurde ich zum ersten Mal ernsthaft krank.

Ich bekam einen Bandscheibenvorfall im Bereich der HWS. Trotz Behandlung und Kur dauerten die Beschwerden fast sechs Monate. Dann bekam ich einen Hörsturz. Ich ging stationär ins Krankenhaus und wurde u.a. mit Cortison behandelt. Danach verschwanden meine Bandscheibenbeschwerden plötzlich. Der Tinnitus aber blieb. Er macht mir mal mehr, mal weniger zu schaffen.

Ajays Tod

Im Januar 2005 rief mich Schwester Ulrike, eine Schulfreundin Sunitas, aus dem Klinikum Aachen an. Sie berichtete mir, dass sie Ajay in die Notfallaufnahme gebracht hatte. Da wir bereits einen Sohn verloren hatten, überfiel mich Panik. Ich fuhr unverzüglich mit meiner Frau ins Klinikum. Dort lag Ajay auf einer Trage in der Notaufnahme und hatte Vorhofflimmern.

Er begrüßte uns mit den Worten: „Scheiße! Jetzt kann ich keinen Sport mehr treiben und muss Medikamente einnehmen."

Nach Elektroschocks (Kardioversion) unter Narkose und einer Nacht im Klinikum hatte sich sein Herzrhythmus wieder normalisiert. Die Ärzte waren der Meinung, weitere Maßnahmen wären nicht nötig. Er brauchte ihrer Ansicht nach keine Medikamente zu nehmen.

Er entschied sich, sofort mit dem Rauchen aufzuhören. Die fehlenden Zigaretten ersetzte er durch Gummibärchen und Schokolade. Die nächsten Monate ging es ihm gut. Er konnte wieder Fußball spielen und ohne Probleme Fahrrad fahren.

Etwa drei Monate später kam er plötzlich mittags zu uns nachhause. Er bat mich, seinen Puls zu fühlen. Die Kontrolle ergab eindeutig, dass er ärztlich untersucht werden musste. Unser Hausarzt Dr. Albert entschied, ihn sogleich ins Krankenhaus einzuweisen. Diagnose: Vorhofflimmern. Er blieb drei Tage in Simmerath auf der kardiologischen Überwachungsstation. Durch die Behandlung stabilisierte sich der Herzrhythmus wieder. Er wurde nach drei Tagen entlassen. Ab dieser Zeit nahm er Betablocker ein.

Ajay war Ende August von Kesternich nach Aachen/Vaals umgezogen. Seine Wohnung lag in der Nähe des Klinikums, wo er in der Psychiatrie seine erste Stelle als Krankenpfleger bekommen hatte. Er fühlte sich dort sehr wohl und bewältigte seine Arbeit mit Begeisterung.

Anfang Oktober zog er sich beim Fußballspiel eine Verletzung am Sprunggelenk zu. Er musste einige Wochen Gips tragen. Da er sich selbst nicht versorgen konnte, boten wir ihm an, eine Zeit lang bei uns zuhause zu wohnen. Jutta freute sich, ihn noch einmal verwöhnen zu können. Er schimpfte zwar wie ein Rohrspatz über seine Behinderung, genoss aber die gemeinsamen Mahlzeiten, das gemütliche Kaffeetrinken und die Gespräche. Nach drei Wochen war er wieder arbeitsfähig.

Am 29. Oktober 2005 rief er uns an. Er teilte uns mit, dass er zu seinem Freund Peter Schlagloth nach Köln fahren wollte, um dessen Geburtstag zu feiern. Jutta hatte sich gerade hingelegt, weil sie sich nicht wohl fühlte. Er bat mich, der Mama herzliche Grüße auszurichten.

Am 2. November 2005, um 13.00 Uhr, rief der leitende Pfleger seiner Station an. Er fragte nach ihm, da er nicht zum Dienst erschienen war. Ajays Festnetzanschluss und Handy waren frei, aber es meldete sich niemand. In Absprache mit dem Stationspfleger beschlossen wir, nach Vaals zu seiner Wohnung zu fahren. Während der Fahrt versuchte ich immer wieder, ihn telefonisch zu erreichen. Es blieb ohne Erfolg.

Dann war plötzlich sein Handy tot. Ich folgerte, dass der Akku leer war. Es war beängstigend! Als wir bei seiner Wohnung ankamen, stand sein Auto vor der Tür. Ein weiteres schlimmes Zeichen! Es musste etwas passiert sein. Wir klingelten mehrfach. Nichts rührte sich. Mit Hilfe einer Nachbarin versuchten wir, seinen Hauswirt zu erreichen, um in die Wohnung zu gelangen. Vergebens. Schließlich rief ich die Polizei an. Der Beamte hielt es nicht für notwendig, zu kommen. Er war erst nach längerer Diskussion dazu bereit.

Zwei Polizisten trafen ein. Nachdem sie erfolglos geschellt hatten, öffnete einer von ihnen mit Hilfe einer Plastikkarte die Wohnungstür. Es war ein weiterer Hinweis, dass Ajay in der Wohnung war. Ich hatte die schlimmsten Befürchtungen. Hinter den Polizisten drängten wir in den Flur. Wir betraten das Schlafzimmer und sahen Ajay auf seinem Bett liegen. Er war tot.

Das Nachttischlämpchen brannte. Er hatte die Brille aufgesetzt und die Bettdecke zurückgestoßen. Ein leichtes Lächeln lag auf seinem Gesicht. Er schien mitten in der Bewegung erstarrt. Die Leichenstarre hatte bereits eingesetzt. Er musste schon seit mehreren Stunden tot sein.

Wir waren entsetzt, schockiert und unendlich traurig. Die Polizisten riefen telefonisch einen Notfallseelsorger herbei. Rettungswagen, Notarzt und Kriminalpolizei kamen, um die Todesursache zu klären.

Einer der anwesenden Polizisten war auch bereits bei Anils Tod in Monschau zugegen gewesen. Er zeigte sich über diesen Zufall zutiefst erschüttert.

Auf der Rückfahrt begleitete uns der Notfallseelsorger. Wir mussten zu Sunita und Michael, um ihnen Ajays Tod mitzuteilen.

Wir entschieden uns, ihn nicht obduzieren zu lassen. Immerhin wussten wir, dass er an Herzrhythmusstörungen gestorben war. Nichts würde ihn wieder zurückbringen. Wir hatten nur den Wunsch, ihn so schnell wie möglich zu uns nachhause zu holen.

Bis zu seiner Beerdigung wurde er in einem offenen, geschmückten Sarg in unserem Wohnzimmer aufgebahrt. Es kamen täglich Freunde, Kollegen und Nachbarn, um sich von ihm zu verabschieden. In unserem Schmerz waren wir aber auch glücklich, ihm nahe zu sein und die Trauer des Verlustes miteinander zu teilen.

Trauermesse und Beerdigung fanden am 9. November 2005 in Simmerath statt. Wir gestalteten die Feier gemeinsam mit den Priestern. Bei einem Kerzenritual während der Messe gaben wir Ajays Freunden noch einmal die Möglichkeit, persönlich Abschied zu nehmen. Freunde waren ihm sehr wichtig gewesen. John Lennons „Let it be" wurde auf seinen Wunsch hin gespielt. Dieses Lied wird für immer mit Ajay verbunden bleiben. Es wurde sein Lied.

Bild 24: Ajay im Alter von 25 Jahren

Da er ein leidenschaftlicher Fan des 1. FC Köln war, hielten wir den Blumenschmuck in rot-weiß. Außerdem schmückten wir Kirche und Sarg mit Fanartikeln. Die Pfarrkirche war voll. Mehr als 450 Menschen nahmen an der Trauerfeier teil. Die Messe wurde von Pfarrer van Gorp, Pastor Kerbusch und Pfarrer Ertel gehalten.

Bild 25: Trauerfeier in der Kirche

Die Fürbitten schrieb meine Frau. Sie las sie auch selbst vor. Es war ihr ein Bedürfnis, auf diese Weise Ajay zu begleiten und ihre Liebe zu ihm auszudrücken.

Alles, was wir in diesen Tagen sagten und taten, sollte ihm und uns gut tun.

FÜRBITTEN:

Unbegreiflicher Gott,

unerwartet und für uns viel zu früh ist Ajay gestorben und läßt uns ein Stück weit einsamer und verlorener zurück.

Er hat den großen Übergang angetreten
und wir alle bitten von ganzem Herzen für ihn:

Möge er befreit sein von Ängsten, Zweifeln und Verwirrung.
Wir bitten Dich, erhöre uns.

Mögen alle Wunden und Verletzungen, die er in seinem Leben erlitten hat, geheilt werden.
Wir bitten Dich, erhöre uns.

Mögen alle Begrenzungen und Einschränkungen dieses nun vergangenen Lebens von ihm abfallen. Wir bitten Dich, erhöre uns.

Möge er sich und uns verzeihen, wo es Verletzungen und Unrecht gegeben hat.
Wir bitten Dich, erhöre uns.

Mögen auch alle, die er vor den Kopf gestoßen oder gekränkt hat, es ihm vergeben.
Wir bitten Dich, erhöre uns.

Möge er – getragen von Vertrauen und Liebe – in klarer Erkenntnis dieses Ende und diesen Neuanfang vollziehen.
Wir bitten Dich, erhöre uns.

Möge er an das Ziel seiner tiefsten Sehnsucht und seines Lebens gelangen.
Wir bitten Dich, erhöre uns.

Uns, die wir in Trauer zurückbleiben, gib die Kraft und Fähigkeit, mit diesem Verlust so umzugehen, dass wir an ihm wachsen und ihn fruchtbar werden lassen.
Wir bitten Dich, erhöre uns.

Ajay, wir danken Dir, mit uns gelebt zu haben. Wir danken Dir für all das Anregende, Fröhliche und Gute, das Du uns in der Begegnung mit Dir geschenkt hast.

Alles, was Du jeder und jedem von uns bedeutet hast, möge zum Segen werden für Dich.

AMEN

PREDIGT (Frank Ertel):
Liebe Jutta, lieber Hasmukh, liebe Sunita und Michael, sehr geehrte Familie, Freunde und Kollegen!

„Und was ist auf der anderen Seite?", fragt Momo neugierig und interessiert.
Und Meister Horas antwortet:
„Dann bist Du dort, wo die Musik herkommt, die Du manchmal schon ganz leise gehört hast. Aber dann gehörst Du dazu. Du bist selbst ein Ton darin."

Ajay Bhate, da, wo die Musik herkommt.
Ajay Bhate, selbst ein Ton in der Musik der Ewigkeit.

Wir sind hier zusammengekommen, um zu teilen,
unseren Schmerz miteinander zu teilen, weil wir Abschied nehmen müssen von Ajay und seinem irdischen Leben. Wir sind zusammengekommen, um zu teilen. Unsere Sprachlosigkeit zu teilen, weil wir nicht wirklich verstehen, warum er hat sterben müssen, warum wir unser Leben hier nicht weiter mit ihm teilen dürfen.
Wir sind zusammengekommen, um zu hören, die Musik seines Lebens und seines Sterbens, um aufmerksam zu sein für das, was er uns für heute mit auf den Weg gegeben hat.

Es war bewegend, wie Tom am Donnerstagabend mit einer CD in der Hand ankam und sagte, hier sei die Musik drauf, die Ajay sich für seine Trauerfeier gewünscht habe.
Ein Lied, „Let it be" von den Beatles – wir haben es am Anfang schon gehört.

WHEN I FIND MYSELF IN TIMES OF TROUBLE MOTHER MARY COMES TO ME, SPEAKING WORDS OF WISDOM, LET IT BE

Ich lese den Liedtext noch einmal, in einer deutschen Übersetzung:

Wenn ich gerade eine sorgenvolle Zeit habe, kommt Mutter Maria zu mir und spricht weise Worte: Lass es geschehen!

Und in meiner dunklen Stunde steht sie genau vor mir und spricht weise Worte: Lass es geschehen!

Flüstere weise Worte: Lass es geschehen!

Und wenn die Leute mit den gebrochenen Herzen,
die in der Welt leben, zustimmen, wird es eine Antwort geben:
Lass es geschehen!

Denn auch wenn sie getrennt werden könnten,
gibt es immer noch eine Möglichkeit, dass sie sehen werden.
Es wird eine Antwort geben: Lass es geschehen!

Und wenn die Nacht voller Wolken ist, gibt es noch ein Licht,
das auf mich scheint,
das bis morgen scheint: Lass es geschehen!

Ich wache auf zu Musikklängen, Mutter Maria kommt zu mir und spricht weise Worte: Lass es geschehen!

Es wird eine Antwort geben: Lass es geschehen! Flüstere weise Worte: Lass es geschehen!

Das Lied von John Lennon fand zunächst keine Zustimmung bei den Bandmitgliedern – vielleicht war es zu persönlich oder zu religiös. Erst nach Auflösung der Band kam es auf dem ersten „posthum“ veröffentlichten Album heraus und wurde zu einer Hymne der Trauer.

Das Lied spricht von der Mutter Maria. Das ist hier durchaus doppeldeutig. John Lennon wurde nicht von seiner Mutter großgezogen, sondern von seiner Tante Maria, die so zu seiner Mutter Maria wurde. Gleichzeitig war er römisch-katholischen Glaubens, und die Mutter Maria war für ihn auch die Gottesmutter. Ein Lied, in dem die Mutter, die nachts an das Bett des weinenden Jungen kommt, ganz eng verknüpft ist mit dem, was geworden und gewachsen ist.
Dieses Lied hat Ajay Bhate uns heute mit auf unseren Trauerweg gegeben.

Es ist, als wolle er uns sagen: Seht, alles, was ich bin, wie ich mein Leben gelebt habe, wie ich die Welt gesehen habe, wie ich mit ihr gerungen habe, wie ich in ihr gelebt habe, mein Hoffen und mein Bangen, meine Selbstzweifel, meine Suche nach meinem Lebensweg, all das ist aufgehoben darin, wie ich in meinem Leben getragen worden bin, von meinen Eltern, meiner Familie, meinen Weggefährten und von Gott.

Nach all dem, was Ihr mir von Ajay erzählt habt, habe ich verstanden, dass er ein Suchender war. Er war nicht oberflächlich, nicht zufrieden mit vorschnellen Antworten, nein, er suchte weiter.
Das konnte man ja auch an seinen Berufsausbildungen sehen. Erst zum Schluss gab es bei ihm und bei Euch das Gefühl, dass er nach der Ausbildung zum Rettungssanitäter, Rettungsassistenten und Krankenpfleger im Bereich der Psychiatrie seinen Platz gefunden hatte. Die Traueranzeigen aus dem Klinikum haben eine warme, eine freundliche, friedliche Farbe. Friede strahlt man nur da aus, wo man seine Aufgaben gemacht hat, seinen Platz gefunden hat.

Und innerer Friede ist da, wo man dem anderen so begegnen kann, dass man ihn nicht bewerten muss, sondern ihn so lassen kann, wie er ist. Friede hat viel mit Wertschätzung zu tun.

Und wer jetzt meint, dieses Ringen höre sich aber schwer und anstrengend an, der irrt. Bei aller Ernsthaftigkeit und aller Tiefe hatten Humor und Lebensfreude einen festen Platz in Ajays Leben. Und wer in den letzten vier Tagen, in denen Ajay noch zuhause war, bei Euch war, um von ihm Abschied zu nehmen, der konnte das über sein irdisches Leben hinaus auch noch einmal erleben. Es war eine nahezu unglaubliche Atmosphäre, die von ihm ausging: sein Gesicht mit einem leichten Lächeln, seine Ruhe, der Friede und die Gelassenheit.

In seinem Tod hat er es geschafft, Menschen zu verwandeln. So habe ich es erlebt. Und so ist es mir auch von einigen von Euch berichtet worden.
Seine Aufbahrung zuhause wurde so für alle zu einem Liebesdienst.
Wie es in dem Evangelium, das wir gehört haben, beschrieben wird: „Da nahm Maria ein Pfund Salböl von unverfälschter, kostbarer Narde und salbte die Füße Jesu und trocknete mit ihrem Haar seine Füße, das Haus aber wurde erfüllt vom Duft des Öls.“

Liebe Trauergemeinde,

und wenn die Leute mit den gebrochenen Herzen,
die in der Welt leben, zustimmen,
wird es eine Antwort geben: Lass es geschehen!
Wer sind die Leute mit dem gebrochenen Herzen?
Das ist zuerst einmal Ajay, dessen Herz wirklich biologisch gebrochen ist. Der vielleicht eine unbestimmte Ahnung hatte, was kommen wird. Und der vielleicht für sich die Antwort gefunden hat: Lass es geschehen!
Vielleicht hat er „Let it be“ aber auch für sich mit „Lass es so sein!“ übersetzt. Und hat sich so in seine eigene Begrenztheit gefügt.

Und so mit sich, seiner Welt, seinem Gott Frieden gemacht. Heute sind wir hier die Leute mit den gebrochenen Herzen. Und Ajay spricht zu uns.
Er sagt uns: Lasst es geschehen, so wie ich es habe geschehen lassen müssen. Ich weiß, es ist schwer für Euch. Ich konnte es mir nicht aussuchen. Und Ihr könnt es Euch jetzt auch nicht aussuchen. Aber habt die Größe, habt die Kraft, habt den Glauben, es geschehen lassen zu können.

Mutter Maria kommt zu uns: Und wenn die Nacht voller Wolken ist, gibt es noch ein Licht, das auf mich scheint,
das bis morgen scheint: Lass es geschehen!
Das ist keine Antwort auf unsere Frage nach dem „Warum".
Das ist aber auch kein billiger Trostspruch.
Es sind Worte der Weisheit. Seid wahrhaftig, sucht Euren Frieden, seid betroffen und traurig. Und doch versinkt nicht in Eurer Trauer. Es scheint ein Licht in alle Ewigkeit. Und vielleicht hat Ajay in diesem Licht seinen Bruder Anil gesehen, der ihn an die Hand genommen hat. Und zu ihm gesagt hat: Lass es geschehen:

„Dann bist du dort, wo die Musik herkommt, die du manchmal schon ganz leise gehört hast. Aber dann gehörst du dazu, du bist selbst ein Ton darin."

Bild 26: Ajays Grabkreuz

Bild 27: Ajays Grab

Im April 2008 veranlasste mein jüngster Bruder, dass ein hinduistischer Priester noch ein eigenes Ritual durchführte. Man nennt es Lil Parnavana. In dieser Zeremonie wurden unsere verstorbenen Söhne Anil und Ajay sowie meine Cousine Usha symbolisch verheiratet. Der Hintergrundgedanke ist, dass ein junges Leben, das durch den Tod vorzeitig beendet worden ist, als unvollständig gilt. Man glaubt, dass sich die betroffene Seele noch nicht endgültig vom vergangenen Leben lossagen und einem neuen zuwenden kann, da sie im alten Leben etwas Entscheidendes, nämlich die Heirat, versäumt hat. Mit Hilfe des Rituals will man der Seele eine gewisse Erfüllung und Befriedigung verschaffen, so dass sie die Trennung von der vergangenen Existenz leichter vollziehen kann.

Es ist nicht selbstverständlich, dass man dieses Ritual ohne Weiteres vollziehen kann. Man muss daran glauben, den geeigneten Priester finden, das nötige Geld aufbringen, die Unterstützung naher Verwandter haben und einen günstigen Zeitpunkt finden. Mein Bruder und seine Frau Jyoti freuten sich, dass ihnen all dies glückte.

5. Kapitel

Die Eltern in Indien und Deutschland

Meine Eltern besuchten uns praktisch alle zwei Jahre. Sie blieben jeweils drei Monate. 1975 blieb meine Mutter – auf meinen Wunsch hin – sogar acht Monate. Mein Vater kam eine Zeit lang sogar jedes Jahr allein.

Anfang Februar 1977 erhielt ich nachmittags einen Anruf aus Mumbai. Mein Vater sollte plötzlich eine starke Blutung der Speiseröhrenader erlitten haben und im Sterben liegen. Zwei Stunden später rief mein Bruder Dilip an und teilte mir mit, ich müsste sofort nach Indien kommen, wenn ich den Vater noch einmal lebend sehen wollte. Die Ärzte hätten ihn aufgegeben.

Wir waren im Krankenhaus gerade knapp besetzt. Ich entschied trotzdem, sofort nach Mumbai zu fliegen, auch wenn mein damaliger Chef über den Ausfall meiner Arbeitskraft nicht begeistert war. Am späten Abend ging ich noch einmal auf die Intensivstation, um für meinen Vater einige Notfallmedikamente, Kanülen, Zentralvenenkatheter, Infusions- und Transfusionsbestecke zusammenzupacken.

Am nächsten Morgen, um 7.00 Uhr, fuhr mich Jutta zum Flughafen nach Frankfurt. Am Schalter wollte ich ein Ticket für den Flug nach Mumbai kaufen. Der nächste Flieger startete um 11.00 Uhr. Als ich mit Euroschecks bezahlen wollte, erfuhr ich zu meiner Überraschung, dass diese nicht angenommen würden. Ich erklärte dem Angestellten, dass ich dringend nach Indien reisen müsste und den Grund. Er war trotzdem nicht bereit, mir ein Flugticket auszustellen. Nach langem Hin und Her fragte er mich schließlich, ob ich denn eine Kreditkarte hätte.

Mir fiel sofort meine Diners Clubkarte ein. Innerhalb kürzester Zeit war das Problem gelöst.

Es blieb kaum Zeit, mich von meiner Frau zu verabschieden, um in letzter Minute den Flieger zu erreichen. Nach etwa acht Stunden landete ich – um ein Uhr nachts – in Mumbai. Der kontrollierende Zollbeamte war äußerst misstrauisch beim Anblick der vielen Medikamente, Kanülen und medizinischen Bestecke. Er wollte sie zunächst alle konfiszieren, da er überzeugt war, ich hätte die Absicht, damit unerlaubte Geschäfte zu tätigen.

Eine lange Diskussion folgte, bei der ich immer nervöser wurde. Die Zeit lief mir davon. Als er meinen Erklärungen immer noch nicht glauben wollte, drohte ich ihm, ihn für den Tod meines Vaters haftbar zu machen, falls ich diesen nicht mehr lebend antreffen sollte. Da ließ er mich endlich gehen. Am Ausgang standen schon meine Verwandten. Dem Vater ging es offenbar sehr schlecht. Wir fuhren vom Flughafen direkt zum Krankenhaus. Er lag in einem kleinen Zimmer mit zwei anderen Patienten und war bewusstlos. Sein Blutdruck war sehr niedrig. Eine Blutkonserve tröpfelte langsam in einen kleinen Venenzugang. Bei diesem Anblick verlor ich jede Hoffnung auf eine mögliche Genesung.

Ich rief sofort nach dem zuständigen Arzt. Mit seinem Einverständnis legte ich einen neuen Zugang in den linken Arm und versuchte, das indische Transfusionsbesteck an das deutsche System anzuschließen. Leider klappte das nicht. Glücklicherweise hatte die Nachtschwester in Mechernich mir ein deutsches Transfusionsbesteck mitgegeben. Ich steckte alles um und schloss die Blutkonserve an die neue Kanüle an. Das Blut lief sofort in schnellem Tempo in die Vene.

Nach etwa zwei Stunden hatte ich bereits zwei Konserven transfundiert. Der Kreislauf erholte sich sichtlich.

Morgens um sechs Uhr fuhr ich nachhause, um mich etwas frisch zu machen. Als ich um acht Uhr wieder ins Krankenhaus kam, war mein Vater schon ansprechbar. Er sah mich erstaunt an und fragte: „Wie kommst du nach Mumbai? Was machst du hier?“

Von dieser Minute an ging es ihm zusehends besser. Die Blutung stand und der gastroskopische Befund am nächsten Tag war unauffällig. Nach drei bis vier Tagen war mein Vater wieder so fit, dass er allein aufstehen und essen konnte.

Er erinnerte sich klar an sein Bluterbrechen. Er gestand sich auch ein, dass diese Blutung von seinem regelmäßigen, hochprozentigen Alkoholkonsum herrührte (die Engländer hatten seinerzeit den Whisky nach Indien gebracht).

Er versprach mir, ab sofort keinen Tropfen Alkohol mehr anzurühren. Meine Mutter war glücklich und erleichtert über diesen positiven Verlauf der Erkrankung und seine guten Vorsätze.

Einige Tage später bekam ich die Nachricht, ich müsste sofort ins KEM-Hospital kommen. Eine meiner Cousinen, Usha, 24 Jahre alt, war zusammengebrochen. Sie war bewusstlos und lag offensichtlich im Sterben. Sie hatte von Geburt an unter einem schweren Herzfehler gelitten. Ich fuhr unverzüglich zum Krankenhaus. Dort sah ich meinen Onkel sitzen. Er hielt seine Tochter im Schoß – als Notfall! – und wartete auf einen Arzt. Mit ihm warteten noch viele andere Kranke und ihre Angehörigen. Ich nahm das Mädchen in meine Arme, trug sie direkt zur Intensivstation und übergab sie einem Facharzt – zwecks Intubation und Beatmung. Ich wusste, dass ihr Zustand sehr ernst war. Ich bereitete die Familie auf ihren Tod vor. Tatsächlich starb sie nach 24 Stunden an Herzversagen.

Für Onkel und Tante brach die Welt zusammen. Nachdem wir die Arztkosten bei der Verwaltung des Krankenhauses bezahlt hatten, wurde der Totenschein ausgestellt. Wir durften sie mit nachhause nehmen. Viele Verwandte und Bekannte kamen, um sich von ihr zu verabschieden. Sie ließen ihren Emotionen freien Lauf, weinten und klagten laut. Usha wurde in einen Schleier gehüllt und auf eine Tragbahre gebunden. Frische Blumengirlanden bedeckten sie. Nachdem die vorgeschriebenen hinduistischen Gebete und Rituale beendet waren, wurde die Bahre von jungen männlichen Verwandten unter Gesängen zum Verbrennungsplatz bzw. Krematorium (smashan) getragen. Es ist nicht üblich, dass Mädchen und Frauen bei der Verbrennung anwesend sind. Sie bleiben meist zuhause.

Als Kind hatte ich häufig beobachtet, wie Verstorbene – festgebunden auf Stühlen oder liegend auf einer Trage – an unserem Haus vorbei zum Verbrennungsplatz getragen wurden. Diese Bilder weckten eine tiefe Angst in mir, über die ich nie sprach. Beim Studium und bei der späteren Arbeit konnte ich anlässlich der Untersuchung von Toten meine Gefühle soweit abschalten, dass sie mich nicht beunruhigten. Ich war nicht persönlich betroffen und konnte als Mediziner fachlich und sachlich reagieren.

Nun befand ich mich in einer veränderten Situation. Meine junge Cousine war gestorben und ich war einer der Träger ihrer Bahre. Zum ersten Mal erlebte ich eine Leichenverbrennung. Nachdem wir angekommen waren, wurde die Trage mit dem Leichnam auf einen Holzstoß gelegt. Vor der Einäscherung muss geprüft werden, ob der Kopf des Toten richtig gebettet und ganz mit Holz bedeckt ist. Dann wird das Feuer von einem männlichen Verwandten entzündet.

Grelle Flammen schlagen hoch. Glühende Funken wirbeln durch die – vor Hitze zitternde – Luft. Grauer, beißender Qualm steigt auf.

Für eine richtige Einäscherung werden mindestens 360 Kilogramm Holz benötigt. Das kostet ungefähr 9000 Rupien

– für viele Familien eine unerschwingliche Summe. Hochstehende Persönlichkeiten, wie Mahatma Gandhi oder Nehru, werden mit Sandelholz verbrannt. Sandelholz duftet stark. Es ist eines der kostbarsten Hölzer Indiens.

Der Scheiterhaufen wurde also entzündet. Schnell arbeiteten sich die Flammen zum Körper empor. Man goss ständig Öl auf den Leichnam, um den Verbrennungsprozess zu beschleunigen. Das Körperfett erzeugte dichten Rauch. Immer höher schlug das Feuer. Immer stärker regnete es Asche. Ich atmete sie ein, schmeckte sie auf meiner Zunge.

Man stand oder saß um das Feuer herum und hörte, wie die Knochen knackten und brachen. Man wartete auf den wichtigsten Augenblick der Einäscherung, das Platzen der Schädeldecke. Dann konnte sich die Seele aus dem Körper befreien. Die Verbrennung dauerte in diesem Fall vier Stunden.

Wenn das Feuer gut brennt, hat der Verstorbene seine letzte Reise angetreten. Die hellen, hohen Flammen zeugen davon, dass es der Seele leichtfällt, den Körper zu verlassen. Das deutet auf gutes Karma hin. Doch manchmal kommt es auch anders: Es raucht und qualmt. Das Feuer will sich einfach nicht entwickeln. Manche sehen darin ein sichtbares Zeichen für schlechtes Karma.

Europäern erscheint es merkwürdig, wie die Menschen in Indien sich bei einer Verbrennung verhalten. Inder zeigen bei der Ausübung aller religiösen Kulthandlungen Einfachheit und Natürlichkeit. Man bleibt während des Verbrennungsschauspiels mehr oder minder ruhig, zeigt gewöhnlich keine Leidensmienen und keine Tränen. Stattdessen kann man beobachten, wie die Verwandten alles, was die Pflicht dem Toten gegenüber verlangt, schnell und sachlich verrichten, um dann – und das ist wirklich erstaunlich – unbeschwert davonzugehen. In alten Zeiten wurden immer Scheiterhaufen mit Holz aufgerichtet. Seit es Elektrizität in Indien gibt, werden in den Großstädten aber zunehmend Tote in elektrischen Öfen verbrannt. Das hat ökologische und finanzielle Gründe. Noch ist die elektrische Verbrennung preiswerter und weniger zeitaufwendig. Es bleibt, dass die Angehörigen die Asche abholen und sie dann zeremoniell an Flüssen oder heiligen Orten verstreuen.

Hindus glauben an Wiedergeburt. Die Lehre von der Reinkarnation ist so alt wie die Menschheit selbst. Sie findet sich nicht nur in den fernöstlichen Religionen des Buddhismus und des Hinduismus, sondern auch in anderen Weltanschauungen. Sie ist eng verknüpft mit dem Begriff „Karma". Karma ist die Ursache des Kreislaufes von Geburt und Tod, das kausale Gesetz von Ursache und Wirkung, von Aktion und Reaktion. Was der Mensch jetzt sät, das wird er früher oder später ernten, und was er in diesem Augenblick erntet, das hat er einstmals selbst gesät. So schmiedet sich jeder Mensch sein eigenes Schicksal. Kein Gedanke, kein Wort, keine Handlung verschwindet ohne Konsequenz aus dem Dasein.

Der Tod bedeutet nichts anderes als das Ablegen des physischen Körpers, der astrale und kausale Körper bleiben erhalten. Nach dem Tod erwacht der Mensch mehr oder weniger bewusst in den Weiten einer Welt, die aus feineren Schwingungen besteht als die physische.

Wir hatten geplant, anlässlich der Hochzeit meines jüngsten Bruders Hemant im Dezember 1978 mit der ganzen Familie nach Indien zu fliegen. Der Plan wäre fast geplatzt, da meine Oberärztin plötzlich verstarb. Aber nach langer Suche fand sich glücklicherweise für diese vier Wochen eine Vertretung aus dem Duisburger St.-Anna-Krankenhaus. Kurz nach Eintreffen der bestellten Flugkarten, stellte sich jedoch heraus, dass meine Frau im dritten Monat schwanger war. So trat ich die Reise mit Sunita allein an.

Aus finanziellen Gründen hatte ich einen Charterflug von Amsterdam nach Mumbai gebucht. Freundlicherweise war unser Nachbar bereit, Sunita und mich mit dem Wagen nach Amsterdam zu bringen. Unsere Mäntel nahm er wieder mit zurück nach Simmerath. Sie wären im warmen Indien nur ein Ballast gewesen. Ich hatte gerade am Counter von Air India eingecheckt, als man uns mitteilte, die Maschine würde voraussichtlich erst in der Nacht in Amsterdam landen. Man hätte in Neu Delhi eine Bombe an Bord gefunden, daher die Verspätung. Alle Passagiere wurden in ein Hotel in der Nähe des Flughafens gebracht.

Am nächsten Tag standen wir um drei Uhr früh auf. Um vier Uhr waren wir am Flughafen. Erneut mussten wir einchecken. Kaum saßen wir im Flugzeug, da hieß es: Alle Passgiere aussteigen, aufs Rollfeld und dort die Koffer identifizieren. Wieder einsteigen. Dreißig Minuten später: Um neun Uhr, Abflug in Richtung Moskau.

Damals hatte gerade der katastrophale Wintereinbruch im Norden begonnen. In Schleswig-Holstein wurde der Notstand ausgerufen. Kurz vor der Landung in Moskau riss unser Pilot die Maschine hoch. Keine Landeerlaubnis: Die Fahrbahn war vollkommen zugeschneit. Der Pilot erhielt vom Tower die Anweisung, nach Helsinki auszuweichen.

Auf dem dortigen Flughafen standen uns gute fünf bis sechs Stunden Aufenthalt in der Halle bevor. Ich informierte telefonisch meine Frau über die Verspätung. Sie sollte ihrerseits meine Eltern von meiner ungewissen Ankunftszeit unterrichten. Plötzlich hieß es: Weiterflug nach Moskau. Dort landeten wir tatsächlich am späten Nachmittag.

Anschließend verbrachten wir – ohne jegliche Auskunft seitens der Fluggesellschaft – mehr als sechsunddreißig Stunden in der Halle. Kein Hotel, kein Bett, miserables Essen. In der Halle war es eiskalt, weil nachts die Heizung abgeschaltet worden war. Die Außentemperaturen lagen bei minus 20 Grad. Niemand betreute uns. Die Passagiere waren wütend, aber hilflos. Da ein paar nette Menschen mir ihre Decke gaben, konnte ich die sechsjährige Sunita auf einen Tisch legen und zudecken. Ich ermöglichte ihr so etwas Schlaf. Am folgenden Nachmittag hieß es dann: Weiterflug nach Delhi. Kurz bevor wir aussteigen wollten, um den Flieger zu betreten, wendete der Bus auf dem Rollfeld. Auf Nachfrage hieß es, das Flugzeug könne wegen eines Schadens nicht starten. In den Abendstunden ging es dann endlich weiter nach Delhi. Dort verließ die gesamte Crew abrupt die Maschine. Sie weigerte sich rigoros, noch irgendetwas für uns zu tun. Ihre Dienstzeit war bereits weit überschritten. Auch die Passagiere wurden gebeten, den Flieger zu verlassen und in der Flughalle zu warten. Wir lehnten dieses Ansinnen ab und blieben sitzen – länger als drei Stunden. Das Abendessen servierten wir uns selbst.

Die Klimaanlage in der Maschine war abgeschaltet worden. Die Außentemperaturen betrugen etwa dreißig Grad. Es war Nacht. Wir sahen Flugzeuge landen und wollten mit den aussteigenden Reisenden in eine Maschine nach Mumbai umsteigen. Dazu bekamen wir aber keine Erlaubnis.

Mit einer neuen Crew flogen wir schließlich morgens um drei Uhr nach Mumbai. Am Samstag früh landeten wir. Alle waren erschöpft und zornig. Unsere Odyssee hatte von Mittwoch bis Samstag gedauert. Als Entschädigung für die Strapazen bekamen wir Monate später von der Fluggesellschaft einen kleinen elektronischen Wecker. Geschätzter Wert: fünf Euro. Ich versuchte mir vorzustellen, wie meine schwangere Frau und meine über siebzigjährige Schwiegermutter diesen Flug wohl verkraftet hätten. Ich war erleichtert, dass sie in Deutschland geblieben waren.

Meine Mutter war einem Nervenzusammenbruch nahe. Sie hatte uns beinahe aufgegeben. Danach schwor ich mir, nie wieder einen Charterflug zu buchen, um Geld zu sparen.

Am 17. Dezember 1978 fand Hemants Hochzeit in Mumbai statt. Eine Hochzeit ist für jede indische Familie ein Ereignis von vorrangiger Bedeutung. Die Eltern tun alles in ihren Kräften Stehende, um sie in würdiger Form zu begehen. Sie wollen nicht den Tadel der eigenen und der neuen Verwandtschaft, der Mitglieder der Kaste oder der Nachbarn erwecken.

Die Mitgift und die Kosten der Hochzeit werden von den Eltern der Braut getragen. Das Mädchen wechselt durch die Heirat von der eigenen Familie in die Familie des Mannes. Sie ist dieser fortan absolut zugehörig. Somit „verlieren" Eltern mit der Verheiratung eine Tochter. Die Familie des Mannes gewinnt hingegen eine (Schwieger-)Tochter hinzu. Das ist einer der Gründe, weshalb man lieber Söhne als Töchter bekommt. Vom Aspekt des Nützlichen her gesehen, bedeutet ein Mädchen für die Eltern immer eine finanzielle und emotionale Belastung.

In Indien ist es allgemein üblich, Geld zu schenken, besonders bei einer Hochzeit. Es wandert in die Taschen der Brauteltern. Diese können damit einen Teil ihrer Kosten decken. In der Regel werden zwischen 400 und 800 Gäste eingeladen. Diese werden großzügig bewirtet.

Auch Hemant heiratete eine Frau, die unsere Eltern für ihn ausgesucht hatten.

Die Brautleute gehören zur gleichen Kaste. Beide Familien geben ihr Einverständnis. Mann und Frau lernen sich im Beisein der Verwandten kennen. Wenn sie sich sympathisch finden, gehen sie einige Male zu zweit aus (zum Essen oder ins Kino) und entscheiden sich anschließend für- oder gegeneinander.

Bild 28: Jyoti und Hemant als Brautpaar

Der wichtigste Teil der Zeremonie beginnt, wenn der Bräutigam die Braut sieben Mal um das heilige Feuer führt. Dabei sind ihre Hände mit einem – vom Priester geweihten – Tuch zusammengebunden. Anschließend behängen die Brautleute sich gegenseitig mit Girlanden aus frischen Blumen.

Am Abend findet ein Empfang statt. Das Paar sitzt auf einem hohen Podest – unter dem traditionellen Schutzdach – auf Stühlen. Alle Gratulanten lassen sich mit den Frischvermählten fotografieren.

Die ganze Gesellschaft ist grenzenlos zufrieden. Man schreit, stößt, lacht, vertreibt die Kinder, die sich in Scharen eingefunden haben.

So war auch die Hochzeit meines Bruders. Unsere Sunita turnte mit ihrer Cousine Amita in einem eigens für sie genähten indischen Kleid auf dem Podest herum.

Anfang Januar 1979 kehrten wir nach Deutschland zurück. Die Kältewelle in Europa – mit der wir beim Hinflug zu kämpfen hatten – war inzwischen von Norden nach Süden abgewandert. Die Flughäfen waren wegen Schneefall geschlossen. Zahlreiche Maschinen konnten weder starten noch landen. Auf den Straßen herrschte Chaos. Amsterdam war einer der wenigen Flughäfen, der noch offen war. Einen Tag, nachdem wir gelandet waren, wurde auch er geschlossen.

Am 7. Mai 1988 feierten wir in Simmerath die goldene Hochzeit meiner Eltern, ein Fest, das in Indien unbekannt ist. In der Kapelle des Krankenhauses gestalteten Pastor Kerbusch und Pastor Matzerath einen Gottesdienst. Meine Eltern hatten dergleichen nie mitgemacht und waren sehr bewegt.

In Indien denkt man generell über Glück oder Unglück einer Ehe nicht nach. Man nimmt beides – als unvermeidbaren Teil des Lebens – gottergeben hin. Man hinterfragt nicht, dass man mit dem Tag der Hochzeit auf Gedeih und Verderb zusammengehört. Vor allem einer Frau steht es nicht zu, Ansprüche anzumelden, wenn ihre Bedürfnisse nicht erfüllt werden. Etwas flapsig ausgedrückt: Sie hat keine Bedürfnisse zu haben, sondern zu erfüllen, und zwar die ihres Mannes, ihrer Schwiegereltern und vielleicht der Schwäger und Schwägerinnen. Scheidungen werden selten eingereicht, und wenn, dann in Großstädten, wo die westliche Lebensart Eingang gefunden hat. Während man in Deutschland schon zur Gattung der Dinosaurier gehört, wenn man dreißig Jahre lang mit einem einzigen Menschen verheiratet ist, gilt dies in Indien als selbstverständlich. Die Scheidung ist übel beleumdet. Wer diesen Schritt tut, muss zumindest im engeren Umfeld mit Befremden und Diffamierung rechnen.

Von daher glaube ich, dass die Feier für meine Eltern ein Anlass war, zum ersten Mal bewusst über ihre Ehe nachzudenken. Ich jedenfalls, als ihr Sohn, war stolz auf sie und dankbar dafür, dass sie für mich immer da waren. Um ihnen eine Freude zu bereiten, bat ich einen Reporter um einen Bericht im Wochenspiegel über ihr Jubiläum. Herr Krause, einer unserer Nachbarn, Lehrer für Bäckerlehrlinge im BGZ, las die Anzeige und brachte als Geschenk eine selbst gebackene Buttercremetorte mit. Nach der kirchlichen Zeremonie feierten wir bei Kaffee, Kuchen und einem Glas Sekt mit den beiden Pastoren in unserem Garten.

Bei meinen Eltern, die niemals wirklich mit europäischer Lebensweise in Berührung gekommen waren, bewirkte der Kontakt mit Deutschland eine spürbare Veränderung. Dazu trug auch ihre innere Bereitschaft bei, sich dem Fremdem zu öffnen und das Gute als solches anzuerkennen. Sie kamen nicht als flüchtige Reisende, die Sehenswürdigkeiten besichtigen wollten, sondern nahmen am deutschen Alltag teil, mit einer deutschen Schwiegertochter und ihrer Familie, von deren Freunden und Nachbarn sie oft eingeladen wurden. Sie wurden mit Individualismus, subjektiv gestalteter Freiheit und Selbstbestimmung, vor allem der Frauen, konfrontiert. Sie erlebten Frauen und junge Menschen, die sich gegen elterliche Ansprüche auflehnten, Autorität infrage stellten, am Etablissement und den alten Traditionen Kritik übten. All das schätzt man in Indien nicht sonderlich. Anpassung an die Gemeinschaft ist angesagt. Die individuelle Entwicklung spielt nur eine untergeordnete Rolle. Meine Eltern waren überzeugt, dass man im Westen zu wenig Opfer für Familie und Freunde brachte und individuelle Wünsche überbewertete.

Auch die Selbständigkeit von Mädchen und Frauen spielt eine eher untergeordnete Rolle. In der Erziehung wird mehr Wert auf Gehorsam und die dienende Liebe gelegt. Meine Mutter scherzte wiederholt, aber mit ernstem Unterton: „Sollte ich jemals als Frau wiedergeboren werden und den Ort selbst bestimmen können, würde meine Wahl auf Deutschland fallen."

Die Eltern erfuhren im familiären Umfeld, dass wir nicht mehr in hierarchischen Strukturen lebten. Da sie – wie gesagt – offen für Neues und sehr tolerant waren, veränderten sich auch hier ihre Maßstäbe. Mein Vater erledigte Aufgaben und Arbeiten, für die in Indien Diener oder andere Hilfskräfte zuständig waren. Er deckte etwa selbst den Tisch und räumte ihn ab. Er versorgte sich selbst mit Lebensmitteln und anderen Notwendigkeiten. Er versuchte sogar, zu bügeln. Meine Mutter registrierte und kommentierte dies sehr genau und mit Erstaunen, manchmal mit leiser Ironie. Wir redeten und diskutierten viel über die Unterschiede zwischen dem indischen und dem deutschen Lebensstil.

Sehr positiv beurteilten meine Eltern natürlich die soziale und materielle Sicherheit im demokratischen System. Das Verhalten im engeren sozialen Umfeld fand hingegen nicht immer ihre Zustimmung. Häufig erschien es ihnen egoistisch und rücksichtslos.

Meine Mutter monierte: „Die Frauen sind zu streitsüchtig. Sie bestehen auf ihrer Meinung, statt zu beschwichtigen und für Frieden zu sorgen." Meiner Frau empfahl sie: „Wenn du dich über Hasmukh ärgerst, halt den Mund und zähl innerlich bis zehn. Erst dann antworte. Ruhig und freundlich bleiben!"

Sie berichtete wiederholt, wie oft sie von Bekannten bedauert wurde, ihren ältesten Sohn an Deutschland und eine deutsche Frau verloren zu haben. Darauf entgegnete sie dann: „Das ist doch ein enormer Gewinn für uns. Nie hätten wir den Westen und so viel Neues und Interessantes kennengelernt, wenn unser Sohn nicht in Deutschland leben würde. "

1989 rief mein Vater mich an, um mir mitzuteilen, dass er seit mehr als vier Wochen an Heiserkeit und Erkältung litt. Er hatte sich zu einem HNO-Spezialisten begeben, der Kehlkopfkrebs feststellte. Mein Vater war bedrückt und ratlos. Er sandte mir den histologischen Befund zu und bat mich um Rat und Hilfe. Ich konsultierte unseren HNO-Arzt im Krankenhaus und einen Fachmann in der Universitätsklinik Aachen. Beide waren der Meinung, er müsse operiert und der Kehlkopf entfernt werden.

Ich unterbreitete meinem Vater den Behandlungsvorschlag der Ärzte. Gleichzeitig befragte er in Mumbai indische Spezialisten. Alle äußerten unterschiedliche Meinungen. Der eine empfahl die radikale Operation, der andere die Chemotherapie und Bestrahlung. Mein Vater war hin- und hergerissen. Er konnte sich nicht entscheiden. Ich riet ihm, dem Arzt zu folgen, dem er am meisten vertraute. So kam es, dass er sich zu Chemotherapie und Bestrahlung entschloss.

Meine Mutter schilderte später, wie leidvoll die Zeit der Behandlungen war. Die Haut im gesamten Bereich des Kehlkopfes war verbrannt. Mein Vater war kaum imstande zu schlucken. Er litt ständig unter Trockenheit im Mund- und Rachenraum.

1990 besuchte er uns. Ich behandelte ihn mit Faktor AF2 zur Immunstärkung. Sechs Monate hindurch erhielt er wöchentlich Spritzen. Allmählich erholte er sich. Er konnte gut sprechen und essen und wurde wieder leistungsfähig. Nur eine leichte Heiserkeit blieb zurück.

Die Mitteilung seiner Diagnose hatte mich wie ein Hammerschlag getroffen. Mein erster Gedanke war: „Er stirbt!" Dann: „Ich bin nicht bei ihm. Wir werden uns nicht mehr wiedersehen." Ich saß am Esszimmertisch – das Telefon noch in der Hand – und weinte. Hoffnung fasste ich in dem Maße, wie ich etwas für ihn tun, ihn beraten und selbst Informationen über Behandlungsmöglichkeiten sammeln konnte. Wie dankbar war ich, dass er 1999 noch die Hochzeit unserer Tochter Sunita miterleben konnte! Während dieses letzten Aufenthaltes in Deutschland fuhr ich mit ihm nach Brüssel und nach Paris, wo er unbedingt das Disneyland kennenlernen wollte. Wir legten weite Strecken zu Fuß zurück. Er war achtzig Jahre alt und hatte eine schwere Erkrankung hinter sich. Umso mehr staunte ich über seine körperliche und geistige Frische.

Mein Vater war immer gerne gereist. Er pilgerte zu fast allen bekannten Shivatempeln in Indien. Kurz vor seinem Tod fuhr er mit meiner Mutter noch für zehn Tage nach Benares (Varanasi). Benares ist für jeden gläubigen Hindu das Traumziel seines Lebens. Ein rituelles Bad im Ganges gilt als die wichtigste Stufe zur Erlösung.

In jener Woche regnete es stark. Während einer Rikshafahrt wurde er völlig durchnässt und zog sich eine schwere Grippe samt Lungenentzündung zu. Meine Mutter brachte ihn völlig erschöpft sowie mit starkem Husten und Fieber nach Mumbai zurück. Von diesem Schlag erholte er sich nie mehr ganz. Er blieb immer anfällig. Schließlich bekam er Zungengrundkrebs. Er starb nach kurzer Krankheit am 21. Januar 2002 an Herzversagen.

Noch kurz vor seinem Tod reiste ich nach Indien. Ich erlebte ihn zuletzt müde, matt und desinteressiert. Er war am Ende seiner Kräfte. Meine Mutter, die stets alles für ihn getan hatte, pflegte ihn auch jetzt aufopfernd. Sie wollte seinen Zustand nicht wahrhaben. So schmerzlich es war, ich versuchte doch, ihr schonend zu vermitteln, dass es keine Hoffnung auf Genesung mehr gab. Auch ihm war dies klar. Als wir uns zu Sylvester – kurz vor meinem Abflug – umarmten, sagte er: „Wir werden uns nicht mehr wiedersehen." Er war kein Mann der großen Worte, doch in diesem Moment spürte ich seine warme Zuneigung und die Akzeptanz des Abschieds. Wenn er früher von seinem Ableben gesprochen hatte, pflegte er zu behaupten, dass Gott Shiva ihm langes Leiden ersparen und ihn mit einem gnädigen Tod segnen würde.

So geschah es.

Zieht man die lebensgefährliche Speiseröhrenkrampfaderblutung und die spätere Krebserkrankung in Betracht, so sind ihm mehr als 25 Jahre bei uneingeschränkter Lebensqualität geschenkt worden.

Bild 29: Vater und Mutter

6. Kapitel

Im Grenzbereich

Am 15. März 1996 wurde bei Jutta ein kleiner gynäkologischer Eingriff vorgenommen. Da sie nach der Narkose starke Kopfschmerzen bekam, behielt man sie eine Nacht länger im Krankenhaus. Ich hatte Rufbereitschaft bzw. Nachtdienst und daher sehr viel zu tun. Am nächsten Tag fuhr ich mit Ajay zum Krankenhaus und holte Jutta ab. Auf dem Heimweg hatte ich plötzlich einen heftigen Schweißausbruch, ein mir bisher unbekanntes Symptom. Ich hatte keinen Infekt und fühlte mich nicht geschwächt. An diesem Mittag hatte ich geplant, nach Köln zu einer Fortbildung zu fahren. Da es Jutta nicht gutging, beschloss ich aber, zu Hause zu bleiben. Welch ein Glück, denn andernfalls hätte mich das Unwohlsein wohl während der Autofahrt oder in Köln überrascht.

Zuhause legte ich mich sofort hin. Es dauerte nicht lange, bis Übelkeit, Brechreiz und starke Schmerzen im Brustkorb einsetzten. Ich fühlte mich, als legte mir jemand ein eisernes Band um die Brust. Jutta äußerte den Verdacht, dass ich einen Herzinfarkt haben könnte. Sie rief unseren Hausarzt Dr. Albert an und bat ihn zu kommen. Ihre Verdachtsdiagnose bestätigte sich.

Noch nie hatte ich ein so elementares Angst- und Bedrohungsgefühl empfunden. Außerdem quälte mich das Wissen, dass unser Haus nicht abbezahlt war. Meine Familie wäre verschuldet, falls ich sterben sollte. Ich bat Gott inständig darum, noch leben zu dürfen. Es gab für mich noch so viel zu tun.

Der Rettungswagen brachte mich unverzüglich ins Simmerather Krankenhaus. Dort blieb ich vier Tage lang – zur Erstbehandlung des Infarkts. Dann wurde ich, zwecks Herz-Katheter-Untersuchung, ins Klinikum Aachen verlegt.

Nach der Untersuchung hätte ich für etwa acht Stunden – mit einem festen Verband an der Leiste – liegen müssen.

Kurz vor zwanzig Uhr roch es aber in meinem Zimmer nach Rauch. Ich alarmierte die diensthabende Schwester. Sie hieß mich sofort aufstehen und aus dem Zimmer gehen, obwohl dies wegen des Druckverbandes verboten war. Ich wurde in ein Arztzimmer umquartiert. Nach drei bis vier Stunden durfte ich wieder in mein altes Zimmer zurück. In der Heizungsanlage des Klinikums war eine Störung aufgetreten.

Obwohl ich um ein Einzelzimmer gebeten hatte, wollte man wei Tage später einen herzkranken Patienten neben mich legen. Die Intensivstation war angeblich voll belegt. Ich war darüber gar nicht glücklich, fühlte mich jedoch zur Rücksichtnahme verpflichtet. Am nächsten Morgen fiel mir auf, dass mein Bettnachbar sich nicht bewegte und auch auf meine Ansprache nicht reagierte. Ich sah genauer hin und erkannte, dass er die Augen verdrehte. Vermutlich hatte er Atem- oder Herzstillstand.

Sofort begann ich, ihn zu reanimieren. Ich beatmete ihn von Mund zu Mund. Zwischenzeitlich lief ich auf den Flur und rief: „Herzstillstand! Notfallkoffer bringen!" Die Schwester hörte es schließlich. Als ich zu intubieren begann, waren mehrere Personen da.

Nach etwa fünfzehn Minuten war der Patient wieder ansprechbar. Sein Kreislauf war stabil. Er wurde auf die Intensivstation verlegt. Ich meinerseits war aber hochgradig erregt. Mein Puls raste. Es verging geraume Zeit, bis ich mich erholt hatte.

Zwei Stunden später kam Prof. Dr. H. in mein Zimmer. Ich erzählte ihm von dem Vorfall. Bedauerlicherweise fiel ihm das Selbstverständliche nicht ein: nämlich sein Bedauern auszusprechen, sich zu entschuldigen und mir für eine Lebensrettung zu danken. Stattdessen kommentierte er nur locker: „Da sehen Sie mal, womit wir hier täglich konfrontiert sind!" Wollte er mir unterstellen, ich wäre im Simmerather Krankenhaus als Anästhesist und Intensivmediziner für Schnupfenbehandlungen zuständig gewesen?!

Die Bildzeitung wäre für eine solche Geschichte sicher empfänglich gewesen. Die Schlagzeile hätte wohl gelautet: „Herzinfarktpatient wiederbelebt Herzpatient" Immerhin kam am Nachmittag die Ehefrau des Patienten mit einem Blumenstrauß zu mir. Sie wollte sich bedanken.

Die Katheteruntersuchung meines Herzens zeigte verstopfte Gefäße. Daher wurde eine Bypassoperation empfohlen. Am 15. Mai 1996 ließ ich sie in der Klinik für Herz- und Gefäßchirurgie in Rothenburg an der Fulda vornehmen. Bevor ich mich für diese Klinik entschied, hatte ich sorgfältige Erkundigungen und Qualitätsvergleiche angestellt. Nach zwei kleineren operativen Eingriffen war dies die erste größere Operation in meinem Leben. Sie verlief zwar gut und ich erholte mich relativ schnell, aber ich empfand sie trotzdem als existentiellen Einbruch. Die Vorstellung, dass mein Brustkorb geöffnet und mein Herz kurzfristig stillgelegt werden sollte, flößte mir Beklemmung ein. Ich fühlte mich ausgeliefert: dem Operateur sowie dem Zufall des Glücks oder Unglücks. Ich wusste ja um die Gefahren und möglichen Komplikationen eines solchen Eingriffs. Ein Mitpatient, dessen gesundheitliche Vorbedingungen schlechter als meine gewesen waren, starb nach der Operation. Er hatte mir gegenüber Furcht geäußert. Ich hatte ihm Mut zugesprochen. Sein Tod erschütterte mich sehr. Ich spürte, wie sterblich ich war.

Meine Frau blieb zehn Tage im Gästehaus der Klinik. Sie fuhr erst zurück, als ich im gleichen Haus die Reha begonnen hatte. Sie war mir in jener Zeit eine seelische Stütze. Da ich mich, infolge meiner Krankheit, mehr als sonst nach familiärer Nähe sehnte, bat ich auch meine Eltern und meinen Vetter in England um einen Besuch.

Noch vor dem Wiedereinstieg in die Arbeit – der stufenweise erfolgte – kam ein ehemaliger Assistenzarzt zu mir. Er bat mich, die Patenschaft für seinen neugeborenen Sohn Maximilian zu übernehmen, der an meinem Operationstag geboren worden war. Da mir die gelungene Operation wie ein zweiter Lebensbeginn erschien, hatten Max und ich gleichsam am selben Tag Geburtstag. So empfand es auch Dr. Josef Göschel. Weil er mich als Menschen und Kollegen schätzte, wünschte er mich als Paten. Heute ist er Chefarzt eines großen Hauses. Zwischen unseren Familien besteht eine enge Verbindung.

Bild 30: Mein Patenkind Max

Im Dezember 1996 erfuhr ich aus Indien, dass mein Schwager Suresh – der Mann meiner einzigen Schwester – bei einem schweren Verkehrsunfall gestorben war. Der Unfall ereignete sich auf der Rückfahrt nach Bombay. Ein LKW-Fahrer war auf die linke Fahrbahn ausgewichen, um ein Auto zu überholen. Dabei fuhr er frontal auf meinen Schwager zu. Der war sofort tot. Usha war schwer verletzt. Sie wurde in einem vorbeikommenden LKW zu einem Krankenhaus nach Bombay transportiert. Dort lag sie monatelang. Wie gerne wäre ich nach Indien geflogen, um ihr als Bruder und Arzt nach diesem schweren Schicksalsschlag beizustehen. Doch die Ärzte verboten mir aus gesundheitlichen Gründen – Herzinfarkt und Bypassoperation – den Flug.

7. Kapitel

„Gevatter Tod"

Das Märchen der Gebrüder Grimm vom Gevatter Tod werden Viele kennen. Als meine Frau es mir erzählte, war ich erstaunt und angetan davon, wie prägnant es die Problematik des Arztes im Umgang mit dem Tod auf den Punkt bringt. Ich kann verstehen und nachvollziehen, was den Arzt im Märchen zum Widerstand gegen seinen Paten treibt. Aber sein großer Fehler besteht darin, dass er den Tod nicht ernst genug nimmt. Er glaubt, ihn trickreich überlisten zu können. Die Konsequenzen sind tödlich.

Ich meinerseits akzeptiere, was der Gevatter verlangt. Ich befolge grundsätzlich seine Anweisungen, oft zornig oder traurig, letztlich aber in der Erkenntnis, dass ein Entkommen nicht möglich ist. Um im Bild zu bleiben: Stehe ich als Arzt am Bett eines Kranken und weiß, dass er sterben muss, sehe ich den Tod zu seinen Füßen stehen. Kann ich auf Besserung hoffen, bleibt mir Handlungsspielraum und ich sehe den Tod zu Häupten stehen.

Der Gevatter Tod

Es hatte ein armer Mann zwölf Kinder und mußte Tag und Nacht arbeiten, damit er ihnen nur Brot geben konnte. Als nun das dreizehnte zur Welt kam, wußte er sich in seiner Not nicht zu helfen, lief hinaus auf die große Landstraße und wollte den ersten, der ihm begegnete, zu Gevatter bitten. Der erste, der ihm begegnete, das war der liebe Gott. Der wußte schon, was er auf dem Herzen hatte, und sprach zu ihm: „Armer Mann, du dauerst mich, ich will dein Kind aus der Taufe heben, will für es sorgen und es glücklich machen auf Erden." Der Mann sprach: „Wer bist du?" — „Ich bin der liebe Gott." — „So begehr' ich dich nicht zu Gevatter", sagte der Mann, „du gibst dem Reichen und lässest den Armen hungern." Das sprach der Mann,

72

weil er nicht wußte, wie weislich Gott Reichtum und Armut verteilt. Also wendete er sich von dem Herrn und ging weiter. Da trat der Teufel zu ihm und sprach: „Was suchst du? Willst du mich zum Paten deines Kindes nehmen, so will ich ihm Gold die Hülle und Fülle und alle Lust der Welt dazu geben." — Der Mann fragte: „Wer bist du?" — „Ich bin der Teufel." — „So begehr' ich dich nicht zu Gevatter", sprach der Mann, „du betrügst und verführst die Menschen." Er ging weiter; da kam der dürrbeinige Tod auf ihn zugeschritten und sprach: „Nimm mich zu Gevatter." Der Mann fragte: „Wer bist du?" — „Ich bin der Tod, der alle gleichmacht." Da sprach der Mann: „Du bist der Rechte, du holst den Reichen wie den Armen ohne Unterschied, du sollst mein Gevattersmann sein." Der Tod antwortete: „Ich will dein Kind reich und berühmt machen; denn wer mich zum Freunde hat, dem kann's nicht fehlen." Der Mann sprach: „Künftigen Sonntag ist die Taufe, da stelle dich zu rechter Zeit ein." Der Tod erschien, wie er versprochen hatte, und stand ganz ordentlich Gevatter.

Als der Knabe zu Jahren gekommen war, trat zu einer Zeit der Pate ein und hieß ihn mitgehen. Er führte ihn hinaus in den Wald, zeigte ihm ein Kraut, das da wuchs, und sprach: „Jetzt sollst du dein Patengeschenk empfangen. Ich mache dich zu einem berühmten Arzt. Wenn du zu einem Kranken gerufen wirst, so will ich dir jedesmal erscheinen. Steh' ich zu Häupten des Kranken, so kannst du keck sprechen, du wolltest ihn wieder gesund machen, und gibst du ihm dann von jenem Kraut ein, so wird er genesen. Steh' ich aber zu Füßen des Kranken, so ist er mein, und du mußt sagen, alle Hilfe sei umsonst. Aber hüte dich, daß du das Kraut nicht gegen meinen Willen gebrauchst, es könnte dir schlimm ergehen."

Es dauerte nicht lange, so war der Jüngling der berühmteste Arzt auf der ganzen Welt. ‚Er braucht nur den Kranken anzusehen, so weiß er schon, wie es steht, ob er wieder gesund wird oder ob er sterben muß', so hieß es von ihm, und weit und breit kamen die Leute herbei, holten ihn zu den Kranken und gaben ihm so viel Gold, daß er bald ein reicher Mann war. Nun trug es sich zu, daß der König erkrankte. Der Arzt ward berufen und sollte sagen, ob Genesung möglich wäre. Wie er aber zu dem Bette trat, so stand der Tod zu den Füßen des Kranken, und da war für ihn kein Kraut mehr gewachsen. ‚Wenn ich doch einmal den Tod überlisten könnte', dachte der Arzt, ‚er wird's freilich übelnehmen, aber da ich sein Pate bin, so drückt er wohl ein Auge zu, ich will's wagen.' Er faßte also den Kranken und legte ihn verkehrt, so daß der Tod zu Häupten desselben zu stehen kam. Dann gab er ihm von dem

Kraute ein, und der König erholte sich und ward wieder gesund. Der Tod aber kam zu dem Arzte, machte ein böses und finsteres Gesicht, drohte mit dem Finger und sagte: „Du hast mich hinter das Licht geführt, diesmal will ich dir's nachsehen, weil du mein Pate bist, aber wagst du das noch einmal, so geht dir's an den Kragen, und ich nehme dich selbst mit fort."

Bald hernach verfiel die Tochter des Königs in eine schwere Krankheit. Sie war sein einziges Kind, er weinte Tag und Nacht, daß ihm die Augen erblindeten, und ließ bekanntmachen, wer sie vom Tode errette, der sollte ihr Gemahl werden und die Krone erben. Der Arzt, als er zu dem Bette der Kranken kam, erblickte den Tod zu ihren Füßen. Er hätte sich der Warnung seines Paten erinnern sollen, aber die große Schönheit der Königstochter und das Glück, ihr Gemahl zu werden, betörten ihn so, daß er alle Gedanken in den Wind schlug. Er sah nicht, daß der Tod ihm zornige Blicke zuwarf, die Hand in die Höhe hob und mit der dürren Faust drohte; er hob die Kranke auf und legte ihr Haupt dahin, wo die Füße gelegen hatten. Dann gab er ihr das Kraut ein, und alsbald regte sich das Leben von neuem.

Der Tod, als er sich zum zweitenmal um sein Eigentum betrogen sah, ging mit langen Schritten auf den Arzt zu und sprach: „Es ist aus mit dir, und die

> Reihe kommt nun an dich", packte ihn mit seiner eiskalten Hand so hart, daß er nicht widerstehen konnte, und führte ihn in eine unterirdische Höhle. Da sah er, wie tausend und tausend Lichter in unübersehbaren Reihen brannten, einige groß, andere halbgroß, andere klein. Jeden Augenblick verloschen einige, und andere brannten wieder auf, also daß die Flämmchen in beständigem Wechsel zu sein schienen. „Siehst du", sprach der Tod, „das sind die Lebenslichter der Menschen. Die großen gehören Kindern, die halbgroßen Eheleuten in ihren besten Jahren, die kleinen gehören Greisen. Doch auch Kinder und junge Leute haben oft nur ein kleines Lichtchen." — „Zeige mir mein Lebenslicht", sagte der Arzt und meinte, es wäre noch recht groß. Der Tod deutete auf ein kleines Endchen, das eben auszugehen drohte, und sagte: „Siehst du, da ist es." — „Ach, lieber Pate", sagte der erschrockene Arzt, „zündet mir ein neues an, tut mir's zuliebe, damit ich König werde und Gemahl der schönen Königstochter." — „Ich kann nicht", antwortete der Tod, „erst muß eins verlöschen, eh' ein neues anbrennt." — „So setzt das alte auf ein neues, das gleich fortbrennt, wenn jenes zu Ende ist", bat der Arzt. Der Tod stellte sich, als ob er seinen Wunsch erfüllen wollte, langte ein frisches, großes Licht herbei, aber weil er sich rächen wollte, versah er's beim Umstecken absichtlich, und das Stückchen fiel um und verlosch. Alsbald sank der Arzt zu Boden und war nun selbst in die Hand des Todes geraten.

Man sollte denken, in meinem Beruf – und ganz besonders im Fachgebiet der Anästhesie und Intensivmedizin – stände das Thema „Tod" im Mittelpunkt. Man nennt Ärzte ja nicht umsonst „Herren über Leben und Tod". Auch im Märchen der Gebrüder Grimm vom „Gevatter Tod" ist der eigentliche Gegenspieler des Todes ein Arzt. Dennoch, zunächst einmal ist dies kein hervorragendes Thema in meinem Leben. Der Schwerpunkt liegt vielmehr auf „Leben und Gesundheit".

Schaue ich genauer zurück, so tritt der Tod aber oft in Erscheinung.

Ich habe es bereits erzählt: Als ich ein kleiner Junge war, wohnten wir in der Nähe eines islamischen Friedhofs. Der Weg dorthin führte über unsere Straße.

Ich beobachtete oft, wie Verstorbene unter Gebeten und Gesängen zum Friedhof geleitet wurden. Der Anblick erfüllte mich mit Angst und Grauen. Ich sprach nie darüber, aber ich träumte die Bilder. Immer wieder. Der Schrecken steigerte sich, wenn in meinen Träumen die Eltern oder Verwandten starben. Eine Vorstellung, die so furchtbar war, dass sie verdrängt werden musste. Dies gelang mir nur allmählich – im Laufe der Zeit. Entscheidend half mir dabei der Wohnortwechsel in ein anderes Viertel.

Ob die kindliche Angst vor dem Tod bei meinem Berufswunsch mitgespielt hat, weiß ich nicht.

Im Studium wurde es dann sehr konkret, als wir im Fach Anatomie Leichen sezieren mussten. Zwar wurde mir nie schlecht, aber ich erinnere mich an meinen inneren Widerstand, die Leichen näher zu betrachten, geschweige denn, sie zu öffnen. Näher definieren kann ich meine Empfindungen nicht. Ich erkläre sie mir als Furcht vor dem Tabu, einen menschlichen Körper zu entwürdigen. Noch immer habe ich den unangenehm starken Geruch des Formalins in der Nase, der den Raum erfüllte. Ich wollte keinen Körper aufschneiden. Am liebsten wäre ich weggegangen. Jedoch – es musste sein. Schließlich gewöhnte ich mich daran.

Auch im späteren Arbeitsalltag ging ich gelassen mit dem Tod um. Jedes Mal fand ich eine mir angemessene Position zwischen Distanz und Nähe. Ich fühlte mit den Angehörigen, verschmolz aber nicht mit ihrem Schmerz. Wenn mich auch die Umstände eines Todes erschütterten, ich sah gleichzeitig die Erlösung für den Kranken.

Natürlich kämpfte ich gegen den Tod. Aufgabe und Ziel eines Arztes bestehen darin, Leben zu retten und zu heilen. Sobald ich aber erkannte, dass die unüberschreitbare Grenze erreicht war, zog ich mich zurück. Dann galt es, das Leiden zu lindern und den inneren Frieden zu ermöglichen, nicht aber unter allen Umständen das Leben zu verlängern – und sei es auch nur für Tage oder Stunden. Wichtig war mir auch, mit den Angehörigen zu sprechen, ihnen die Situation zu erklären, sie nach ihren Wünschen und gegebenenfalls denen des Kranken zu fragen.

Als ich nach Anils Tod in den Rettungswagen stieg, wo mein damaliger Oberarzt immer noch zu reanimieren versuchte, bat ich ihn, nachdem ich den Exitus festgestellt hatte, dieses Tun einzustellen. Er drückte mir später seinen Dank für eine Entscheidung aus, die er selbst nicht hätte fällen können.

Mir scheint, dass ich in diesem Punkt genau die Haltung einnehme, die der Tod im unten zitierten Märchen von seinem Patenkind fordert und die der Arzt aufgibt, sobald er persönlich betroffen ist.

Nie habe ich den Tod als ultimativen Feind empfunden, den ich vernichten wollte. Vielmehr empfand ich ihn als einen natürlichen Teil des Lebens, den auszuschließen nicht möglich ist.

Welch ein Unterschied besteht jedoch zwischen dem Tod eines Verwandten und dem eines Fremden! Welch ein Schock war es für mich, als ich die Nachricht erhielt, mein Vater liege im Sterben! Während meines Aufenthaltes in Indien erlebte ich dann den Tod meiner jungen Cousine und zum ersten Mal eine hinduistische Einäscherung. Da war ich nicht in erster Linie der funktionierende Mediziner. Ich teilte vielmehr all die Gefühle, die ein Mensch durchleidet, wenn er von existentiellen Verlusten bedroht ist.

Als ich damals im Krankenhaus, bei meinem Vater, eintraf, konnte ich den Schmerz nur deshalb bewältigen, weil ich die Chance bekam, als Arzt tätig zu werden und sein Leben zu retten.

In Krisen – und ganz besonders in solchen Krisen – bedeutet es Erleichterung und Hilfe, in Aktion treten zu können. Ich reagierte situationsgemäß, verfiel nicht in Panik und erkannte intuitiv, was medizinisch möglich war. Die Möglichkeit, handeln zu können, befreite mich mal mehr, mal weniger von Ohnmacht und Hilflosigkeit. Und sie gab mir Hoffnung.

Nicht anders war es, als ich in den folgenden Jahren Todesfälle im Freundeskreis und im familiären Umfeld miterlebte.

Ich begleitete stützend und lindernd das Sterben meiner Schwiegermutter und der Mutter einer Freundin. Beide Frauen waren alt und ausgebrannt. Sie wollten ihren bevorstehenden Tod nicht durch intensivtechnische Maßnahmen im Krankenhaus hinauszögern.

Als ich selbst in Lebensgefahr war und meine Frau lebensbedrohlich verunglückte, erging es mir sehr ähnlich. Zuerst überschwemmten mich Gefühle von Ohnmacht, Hilflosigkeit, Angst und Bedrohung. Sie beruhigten sich aber in dem Maße, wie ich Verantwortung übernehmen und aktiv werden konnte.

Der Tod meines Vaters machte mich zwar sehr traurig, aber ich hatte mich darauf eingestellt. Ich akzeptierte ihn als unvermeidbar. Den Zeitpunkt hielt ich für richtig und angemessen.

Katastrophal brachen allerdings die plötzlichen Tode unserer Kinder in mein Leben ein. Sie waren jung. Ihr Ende erschien mir unnatürlich und falsch. Ich hatte nichts für sie tun können. Fragen quälten mich. Zunächst war es eine Ablenkung, organisieren zu können. Wir mussten amtliche Notwendigkeiten erledigen, Freunde und Bekannte benachrichtigen, Karten und Anzeigen drucken lassen, Gäste bewirten, die Beerdigung gestalten. Und langsam vollzog sich ein Prozess des Hinnehmens und der Akzeptanz.

Es mag in diesem Zusammenhang makaber klingen, wenn ich ein rheinländisches Zitat bringe: „Et is wie et is.“ Dem stimme ich zu, weil darin die Erkenntnis vorhanden ist, dass es Tatsachen gibt, an denen nicht zu rütteln ist. Man muss sie akzeptieren, um weiterleben zu können. Rennt man lange genug mit dem Kopf gegen eine Wand, so wird der Kopf zerstört. Die Wand aber bleibt unzerstört stehen.

In den inhaltlichen Aussagen und ethischen Konsequenzen des zitierten Märchens entdecke ich meine eigene Haltung. Es scheint wie „für mich geschrieben“.

Ich glaube, dass schon bei der Geburt der Zeitpunkt des Todes feststeht. Dieser Zeitpunkt kann nicht verschoben werden. Beides – Geburt und Tod – sind unverrückbare Gesetze und Teile des Ganzen. Gegen den Tod als solchen zu kämpfen, ist sinn- und nutzlos. Es macht aus einem Freund (Pate/Gevatter) einen Feind, der nicht mehr unterstützt, sondern vernichtet.

Wenn ich als Arzt mit meinem medizinischen Wissen am Ende bin und das Sterben einsetzt, kämpfe ich nicht weiter, sondern respektiere die Realität. Ich sehe – im Bild – den Tod zu Füßen des Kranken. Wenn ich aber Hoffnung und Möglichkeit zur Heilung sehe, setze ich all meine medizinischen Fähigkeiten ein, um zu helfen. Dann steht der Tod zu Häupten des Kranken.

Das Märchen drückt aus, was ich empfinde: Solange ich die Ordnung und das Gesetz von Leben und Tod – ebenso wie meine eigenen Grenzen – respektiere, ist mir ein Raum des Handelns und Wirkens gegeben. Er erspart mir auch das ausschließliche Gefühl der Ohnmacht. Sobald ich mich aber zum Gesetzgeber über Leben und Tod aufschwinge, nicht willens, meine Beschränkung anzunehmen, wird der Tod zum Gegner, der mich vernichtet.

8. Kapitel
Höhen und Tiefen des beruflichen Alltags

Am 1. September 1968 begann ich – aus Indien zurückgekehrt – meine Medizinalassistenzzeit im Krankenhaus „Maria Hilf" in Rheinbach. Ich beendete sie im Dezember 1970. Im Anschluss daran arbeitete ich in der chirurgischen Abteilung dieses Krankenhauses als Assistenzarzt – bis zum Beginn meiner Facharztausbildung.

Während der Tätigkeit in Rheinbach bewohnte ich ein möbliertes Zimmer im Krankenhaus. In der Regel hatte ich pro Monat zehn bis zwölf Nachtdienste und wurde entsprechend eingewiesen. Im Nachtdienst des Hauses gab es nur einen einzigen diensthabenden Arzt, der gleichzeitig für die Stationen Gynäkologie, Geburtshilfe, Chirurgie und Innere Medizin zuständig war. Wir mussten sogar selbst die Röntgenbilder bei Not- und Unfallverletzten anfertigen, da nachts keine Röntgenassistentin anwesend war. Nur die Chefärzte machten Hintergrunddienste. Ich durchlief in 30 Monaten alle drei Abteilungen des Hauses.

Während der Jahre meiner Berufstätigkeit war es für mich und die Kollegen eine Selbstverständlichkeit, zusätzlich zur normalen Arbeitszeit, acht bis zwölf Tage Nachtdienst und Bereitschaftsdienst zu verrichten. Damals wurden die Dienste noch vergütet. Es gab keinen Freizeitausgleich. So geschah es, dass wir nicht selten bis zu achtzig Stunden – ohne Pause – arbeiten mussten (von Freitagmorgen bis Montagabend). Zwar wussten wir, dass diese Regelung unverantwortlich war gegenüber den Patienten, aber wie hätten wir uns dagegen wehren sollen!

Wenn ich dienstfrei hatte, besuchte mich oft der diensttuende Kollege in meinem Zimmer. Wir unterhielten uns und tauschten Erfahrungen aus. Leider habe ich dort eine schädliche Angewohnheit angenommen. Einer der Kollegen war Kettenraucher. Er bot mir freigebig immer wieder Zigaretten an. Schließlich nahm ich die erste, dann noch eine und so weiter. Am Ende kaufte ich sie selbst.

Wir Ärzte nahmen unsere Mahlzeiten im Kasino des Krankenhauses ein. Eines Mittags stand als Vorspeise ein liebevoll mit Kräutern, Tomaten und Zwiebelringen garnierter Teller auf meinem Essplatz. In der Mitte lag etwas, das ich nicht mit einem Blick identifizieren konnte. Schließlich kannte ich nicht die komplette Speisekarte. Ich zog den Teller näher heran. Die Kollegen ringsum grinsten. Ich wurde misstrauisch und untersuchte die „Vorspeise" genau. Als ich sah, was da auf dem Teller lag, und mir vorstellte, ich hätte es ungeprüft gegessen, musste ich mit meinem protestierenden Magen kämpfen. Eine freundliche Schwester gab mir noch die zusätzliche Information, dass es sich um den am Morgen amputierten großen Zeh eines Patienten handelte. Mein Hunger war gestillt.

Zum ersten Mal war mein Interesse an der Anästhesie erwacht, als ich – während der Ferien – als Student in der HNO-Klinik/Bonn im OP arbeitete. Die leitende Schwester gab mir die Möglichkeit, bei Polypen- und Mandeloperationen zu instrumentieren. An einem Sonntag rief sie mich – auf Wunsch eines Professors hin – an. Ich sollte bei einer Notoperation (Tracheotomie) die Narkose überwachen. Auf meinen Einwand hin, dass ich kein Arzt und Anästhesist sei, beruhigte mich der Professor mit den Worten, dass ich nur den Blutdruck und Puls des Patienten zu kontrollieren hätte.

Während der Zeit als Assistenzarzt in Rheinbach verstärkte sich mein Interesse für das Gebiet der Anästhesie. Da ich eine ruhige Hand und ein sicheres Gespür für Technik hatte, war ich bei Narkosen sehr erfolgreich. So gab mir mein damaliger Chef die Chance, mich ins Gebiet der Anästhesie einzuarbeiten. Ich führte – abwechselnd mit einem Kollegen – die Narkosen und Operationen durch.

Am 1. März 1971 begann ich meine Facharztausbildung an der Universitätsklinik Bonn bei Prof. Dr. Leo Havers (Abt. für Anästhesiologie). Die Weiterbildung dauerte vier Jahre. Ein Jahr wurde mir wegen der Zeit in Rheinbach von der Ärztekammer für die Anästhesie anerkannt. Die Jahre an der Uniklinik waren anstrengend und stressig. Wir hatten nicht genug Mitarbeiter, mussten jedoch alle Abteilungen bedienen. Ein Bereitschaftsdienst begann Freitagmorgen um 8.00 Uhr und endete Montagabend zwischen 17.00 und 18.00 Uhr. Und auch das nur, wenn man wiederholt darum bat, abgelöst zu werden. Dienstagmorgen ging die normale Arbeit weiter. In achtzig Stunden Dienst kamen wir manchmal kaum zum Schlafen. Ich war ständig übermüdet. Einmal schlief ich im Theater, während eines Schauspielmonologs, ein. Ich begann zu schnarchen. Seitdem hatte meine Frau in Theater und Kino immer ein wachsames Auge auf mich. Erschwerend kam hinzu, dass Arbeitsatmosphäre und Kollegialität in der Klinik nicht gut waren. Es herrschte ein starker Konkurrenzdruck. Als erfahrener Assistenzarzt musste man sogar um ein gutes Narkosegerät kämpfen, denn die Oberärzte und der Chef beanspruchten die modernsten für sich. Hatte man Pech, dann musste man den Patienten stundenlang mit der Hand beatmen. Einzelne Kollegen fragten sich, ob sie diesen Druck vier Jahre lang aushalten konnten. Also tröstete und ermutigte ich sie und mich selbst.

Aber es gab auch positive Erfahrungen. Einzelne Kollegen unterstützten mich fachlich und menschlich. Einer von ihnen war Dr. Freiberger. Er bot mir später eine erste Oberarztstelle an. Ein anderer war Prof. Dr. Hack, von dem ich die supraclavikuläre Plexus- und Regionalanästhesie erlernte. Mit ihnen stehe ich heute noch in Verbindung.

Am 4. März 1974 erhielt ich die Facharzturkunde für Anästhesie. Anästhesie war damals ein junges Fach. An die Seite der langjährigen, erfahrenen Chefärzte rückten immer mehr junge Narkoseärzte. In vielen Kliniken gab es keine eigenständigen Anästhesieabteilungen. Chirurgen oder Krankenschwestern führten die Narkosen durch. So musste es zu Konflikten zwischen den Chirurgen und den neuen Anästhesisten kommen. Anästhesie als selbständiges Fach musste sich im Klinikalltag erst durchsetzen. Die Narkoseärzte mussten sich ihre Rechtsposition und Fachkompetenz durch Leistung hart erkämpfen.

Nachdem ich Facharzt für Anästhesie geworden war, begann ich 1974 meine Tätigkeit als erster Oberarzt in der Anästhesieabteilung am Kreiskrankenhaus Mechernich. Wir zogen deshalb von Rheinbach nach Kommern, nur wenige Kilometer von meinem neuen Arbeitsplatz entfernt.

Insbesondere meiner Frau, aber auch mir, saß ständig die Furcht vor dem Ende der Aufenthalts- und Arbeitserlaubnis im Nacken. Beide waren begrenzt und mussten jeweils nach zwei Jahren erneuert werden. Die eine setzte die andere voraus. Fiel die Erneuerung beider Genehmigungen innerhalb eines Monats zusammen, stand die mögliche Nichterteilung beider im Raum. Rechtlich war die Lage wie folgt: Heiratet ein Deutscher eine Ausländerin, so darf sie eine Daueraufenthaltserlaubnis beantragen und unbegrenzt in Deutschland bleiben. Heiratet eine Deutsche einen Ausländer, so ist ihr Aufenthalt in Deutschland abhängig von der Aufenthaltserlaubnis des ausländischen Ehemannes. Folgerichtig sagte einmal ein Beamter im Ausländeramt in unverschämtem Tonfall zu meiner Frau: „Warum waren Sie auch so blöd, einen Ausländer zu heiraten! Sie wissen doch: Schon in der Bibel steht, das Weib soll dem Manne folgen.“ Nach einer heftigen Auseinandersetzung mit besagtem Beamten erteilte er mir aber die Aufenthaltserlaubnis.

Meine Frau war der Ansicht, dass die damalige Rechtslage dem Grundgesetz widersprach. Immerhin durfte niemand wegen seines Geschlechts benachteiligt werden. Sie war bereit, zu kämpfen und im Notfall bis zum Bundesverfassungsgericht zu gehen.

Da dieses Damoklesschwert also immer über uns schwebte, wir aber in Deutschland bleiben wollten, entschloss ich mich, die deutsche Staatsangehörigkeit zu beantragen. Nach meiner Einbürgerung am 8. Juli 1975 – die uns vom ständigen Druck der Ungewissheit befreite – erhielt ich schließlich am 24. August 1975 die deutsche Approbation als Arzt.

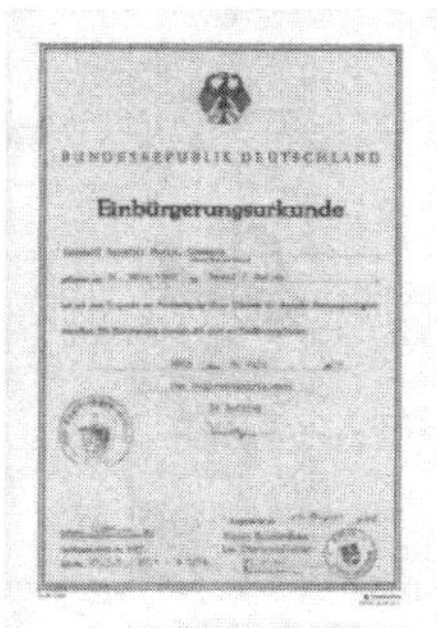
BUNDESREPUBLIK DEUTSCHLAND

Einbürgerungsurkunde

Bild 31: Die Einbürgerungsurkunde

Ich war froh und erleichtert, dass nach der Einbürgerung mein Aufenthaltsrecht in Deutschland nicht mehr infrage stand. Traurig war ich jedoch, als ich meinen indischen Pass abgeben musste. Von jetzt an musste ich – wie jeder Ausländer – für die Einreise nach Indien ein Visum beantragen. Zumindest auf dem Papier war ich kein Inder mehr. Es war, als hätte man mir ein Stück meiner Identität genommen.

Zwei Staatsangehörigkeiten – die indische und deutsche – zu besitzen, wäre meinem Selbstgefühl am nächsten gekommen. Das war damals leider nicht möglich.

Anfang 1976 fand ein Weltkongress für Anästhesie in Mexico City statt. Wir planten, den Besuch (eine Woche) mit einer vierzehntägigen Reise durch Mexiko zu verbinden. Ich hatte meine Mutter gebeten, nach Deutschland zu kommen. Sie sollte Anil versorgen. Juttas Mutter würde sich um Sunita kümmern.

Meine Frau war noch drei Tage vor dem Flug unsicher, ob sie überhaupt reisen konnte. Beide Kinder waren krank und zeigten kein Anzeichen von Besserung. Als endlich eine Besserung eintrat, wurde sie ihrerseits von einem Darminfekt befallen, der sie nun drei Wochen lang in Mexiko begleiten sollte. Sie sah sich gezwungen, auf mexikanisches Essen zu verzichten. Sie ernährte sich auf der Reise von Toast, Hühnerbrühe und Kohletabletten. Ansonsten verlief die Reise spannend und ereignisreich. Wir erlebten interessante Begegnungen mit alten Indianerkulturen und moderner Architektur.

In Mexiko erfuhr meine Frau zum ersten Mal von der Therapie mit Eigenurin. Auf der Karibikinsel Cozumel war sie in einen Seeigel getreten. Ihre Fußsohle war voll spitzer Stacheln. Damit hätte sie mindestens eine Woche lang nicht auftreten können, hätte ihr nicht ein mexikanischer Kellner empfohlen, den Fuß im eigenen Urin zu baden. Unter dem Protest deutscher Freunde gegen die „Eingeborenen-Medizin“ verbrachte sie – zwecks Produktionsförderung endlos Wasser und Tee trinkend – den Tag im Hotelzimmer und nahm Fußbäder. Die stärksten Stacheln hatte sie mit einer Nadel entfernt. Am nächsten Tag konnte sie dann ohne jede Beeinträchtigung laufen, so als sei nichts geschehen. Von da an beschäftigte sie sich mit dem Nutzen und der Heilkraft von Urin. Sie erzielte damit beträchtliche Erfolge bei sich selbst und in der Familie.

Als Carmen Thomas das Thema im Ü-Wagen (WDR 2) behandelte, spielte meine Frau mit dem Gedanken, sich zu Wort zu melden. Sie überlegte es sich aber, weil sie das anschließende Gerede in Simmerath fürchtete.

Ich werde Chef

Wir hatten 1976 – nach meiner Einbürgerung – in Kommern Süd ein Grundstück gekauft und wollten dort bauen. Der Beginn der Arbeit am Bau war für Anfang September 1977 angesetzt. Ich beabsichtigte, auf Dauer als Oberarzt in Mechernich zu bleiben.

Im August 1977 rief der ärztliche Direktor des St.-Brigida-Krankenhauses in Simmerath, Dr. Theo Schwonzen, mich an. Er fragte, ob ich Interesse an einer Chefarztstelle für Anästhesie in Simmerath hätte. Inbegriffen war die Neueinrichtung einer Intensivstation.

Nach langen Überlegungen und Gesprächen mit meiner Frau entschied ich mich für die Bewerbung. Meine Frau stimmte zu, weil sie mich glücklich wissen wollte. Die einzige Bedingung, die sie stellte, war ein Auto, das ihr Mobilität verschaffte.

Ich wusste nur zu gut, an welche fachlichen und menschlichen Grenzen ein Arzt täglich stößt und dass man sich in Entscheidungssituationen auf einer Gratwanderung zwischen Leben und Tod befindet. Gleichzeitig hatte ich aber auch ein festes Selbstvertrauen, welches sich auf Erfahrung und Erfolge stützen konnte. Daher reizte mich die anspruchsvolle, organisatorische und medizinische Aufgabe. Endlich konnte ich meine eigenen Vorstellungen umzusetzen und musste mich nicht mehr der Meinung eines Chefs unterordnen! Selbständig und selbstverantwortlich konnte ich handeln!

Allerdings musste ich auch Mut fassen, weil mir als Inder manches viel schwerer fiel als einem Deutschen. Stellenweise ergaben sich Probleme, die ein Deutscher nicht gehabt hätte. Einige dieser Punkte sprach ich im Vorstellungsgespräch mit der Generaloberin des Hauses an:

Ich war nicht gebürtiger, sondern durch Heirat deutscher Staatsbürger.

Ich war nicht römisch-katholisch, sondern Hindu und würde meine Religion auch nicht aufgeben.

Ich hatte noch keinen Doktortitel und würde ihn erst in den nächsten Jahren erwerben.

Darauf antwortete sie, für das Haus und die Patienten sei es wichtig, einen kompetenten Arzt und Anästhesisten zu bekommen. Er müsse nicht Christ sein, aber christlichen Grundwerten zustimmen und sie umsetzen.

Etwa sieben Wochen später rief sie mich an und gratulierte mir herzlich zu meiner ersten Chefarztstelle.

Die Kölnische Rundschau veröffentlichte am 11. November 1977 folgende Meldung:

„Oberarzt von Mechernich geht als Chefarzt nach Simmerath.

Der in Barsi (Indien) geborene Hasmukh Bhate – seit 1975 deutscher Staatsbürger – kam im April 1974 als Facharzt von der Universitätsklinik Bonn nach Mechernich, wo er als Stellvertreter von Anästhesie-Chefarzt Dr. Freiberger arbeitete. Dr. Freiberger sagte zur Berufung seines Kollegen nach Simmerath: ‚Natürlich ist es schmerzlich, einen so wertvollen Kollegen zu verlieren, gleichzeitig macht uns seine Karriere auch etwas stolz.'"

In der Tageszeitung – der AVZ – wurde ich im Lokalteil folgendermaßen vorgestellt:

Indischer Rheinländer.

Anfang der 60er Jahre kam Dr. Hasmukh Bhate nach Deutschland, nun wurde er leitender Anästhesist am Simmerather Krankenhaus. Er ist inzwischen zum Rheinländer geworden, in der Sprache und auch im Humor.

Der deutsche Arzt aus Indien sammelte nach seiner Facharztanerkennung weiter Erfahrungen in vier Jahren als erster klinischer Oberarzt am Kreiskrankenhaus Mechernich, ehe er Anfang dieses Jahres als leitender Anästhesist ans Simmerather Krankenhaus kam.

Am 1. Januar 1978 trat ich meine Stelle im Simmerather Krankenhaus an. Aus Mechernich hatte ich einen Kollegen, Dr. Mau, Assistenzarzt in der Anästhesie, mitgebracht. Meine neue Abteilung bestand zunächst nur aus uns beiden. Das hieß für mich: Dreißig Tage lang 24 Stunden Dienst. Um jederzeit erreichbar zu sein, hatte ich mir einen Eurofunk zugelegt. Ich trug ihn auf Schritt und Tritt bei mir, auch wenn ich zum Einkaufen, zur Bank oder zum Friseur ging. Eine erste Entlastung erhielt ich am 1. April 1978. Eine Oberärztin für halbe Tage wurde mir zugeteilt.

Meine Frau zog mit den beiden Kindern im April 1978 von Kommern in die Eifel. Wir hatten ein neu gebautes Haus in

Paustenbach, einem Dorf nahe Simmerath, gefunden. Wir mieteten es von der Familie Prinz. Für meine Familie war das Leben in der Eifel anfangs nicht leicht. Sie mussten sich vom vertrauten Umfeld und von den Freunden trennen. Bonn, Euskirchen und Rheinbach rückten in weitere Entfernung. Das Leben hier war dörflicher geprägt. Die Mentalität der Eifeler war verschlossen und stark in Traditionen verhaftet. Ein Kindergartenplatz für Sunita war in Simmerath nicht zu bekommen. Meine Frau sah sich wegen der Kinder völlig ans Haus gebunden. Ich fiel als Hilfe aus, weil ich vierundzwanzig Stunden im Dienst war. Die neuen beruflichen Aufgaben und Verantwortlichkeiten standen natürlich an erster Stelle.

Im Oktober 1978 überraschte man mich eines Morgens mit der Nachricht, dass meine Oberärztin den Freitod gewählt habe. Alle Angestellten des Krankenhauses waren schockiert, fassungslos und traurig. Sie war eine fähige und sympathische Anästhesistin gewesen. Die Gründe für ihre Entscheidung waren privater Natur. Neben dem menschlichen Verlust war auch meine Arbeit betroffen. Ich hatte eine tüchtige Vertreterin verloren und befand mich wieder ununterbrochen im Dienst.

Ab Mai 1979 baute ich in Simmerath den Notarztdienst auf. Damit wurde die letzte Lücke im Rettungswesen des Kreises Aachen geschlossen. Für den Bereich der Nordeifel stellte ich den Einsatzplan auf. In der Pressekonferenz erklärte ich, dass dieser Notarztdienst nicht mit dem Notdienst der niedergelassenen Ärzte zu verwechseln sei. Der Notarztdienst sollte nur bei akuter Lebensgefahr in Anspruch genommen werden. Für leichtere und nicht lebensbedrohliche Krankheiten waren weiterhin die niedergelassenen Ärzte zuständig.

Außerdem richtete ich im Krankenhaus eine Sprechstunde für

ambulante Schmerztherapie ein. Chronisch Schmerzkranken wurden u.a. Akupunktur, Neuraltherapie und Blockaden mit Lokalanästhetika angeboten.

Ich erweiterte immer mehr den Rahmen meiner Krankenhaustätigkeit. Da mich häufig Schmerzpatienten aufsuchten, bildete ich mich in diesem Bereich weiter. Ich nahm an mehreren Akupunkturkursen und schmerztherapeutischen Fortbildungen teil.

Daneben arbeitete ich weiterhin an meiner Promotion. Sie handelte von der malignen Hyperthermie. Es ist die Bezeichnung für eine bösartige Temperaturerhöhung während der Narkose. Als gefährliche Komplikation kann sie zum Tod führen. Am 4. Juli 1983 erwarb ich den medizinischen Doktorgrad am Institut für Anästhesiologie der Universität Bonn.

Das erste Eifeler Symposium

Da in den Medien zunehmend über Intensivmedizin diskutiert wurde, kam mir die Idee, ein Symposium über das Thema „Humanität und Intensivtherapie" zu organisieren. Dazu lud ich in das Haus Wiesental in Monschau für den 13. Dezember 1980 Ärzte, Pfleger und Pflegerinnen ein. Gerade in der Intensivmedizin muss die Frage nach Menschlichkeit täglich neu beantwortet werden, von Fall zu Fall. Hier, wo die Technik das äußere Bild bestimmt, ist es besonders notwendig, das Vertrauensverhältnis im Dreieck der Beziehungen zwischen Arzt, Pfleger und Patient mit neuem Leben zu erfüllen. Mir war eine interdisziplinäre Fragestellung wichtig. Deshalb lud ich einen renommierten Theologen sowie Intensivmediziner und Sozialwissenschaftler ein: Prof. Dr. Sporken aus Maastricht, Dr. Schara, Chefarzt und seit 1981 Präsident der Deutschen Gesellschaft für Anästhesiologie und Intensivmedizin in Wuppertal, Prof. Franco Rest aus Dortmund und Prof.

Henke aus Marburg. Aus den Vorträgen entstand das Buch „Humane Intensivtherapie". Der große Erfolg dieses ersten Eifeler Symposiums motivierte mich, eine zweite Veranstaltung ins Auge zu fassen.

Das zweite Eifeler Symposium

Das sogenannte II. Eifeler Symposium, das am 14. und 15. Oktober 1983 in der Aula der Simmerather Hauptschule stattfand, hatte die „Lokal- und Regionalanästhesie" zum Thema.

Am Morgen der Veranstaltung erhielten alle Teilnehmer des Symposiums das Programm und eine Schallplatte, die ich herausgebracht hatte. Jutta hatte den Text geschrieben. Zwei Anästhesiepfleger meiner Abteilung (Herr Backhaus und Herr Fietzek) hatten den Song komponiert.

VIDEO

Wir wollen Sex mit Liebe nicht vermengen,
nein, hart soll's sein, die Herzen sprengen.
Uns regt so leicht kein nacktes Mädchen auf,
denn Video begleitet unseren Lebenslauf.

Jetzt rieseln Schauer uns den Rücken runter,
jetzt werden wir so richtig munter!
MAN-EATER wühlt in menschlichen Gedärmen,
bei soviel Horror kommst du echt ins Schwärmen.

Der Händler lacht, der Rubel rollt.
Idiot, der das verhindern wollt'!
Die Menschlichkeit liegt in den letzten Zügen.
Hurra! Die Brutalität wird siegen!

Refrain:

Die Freiheit lebt, der Fortschritt schreitet.
Die Technik blüht, der Handel bläst ins Horn.
Der Wissenshorizont wird ausgeweitet:
die VIDEOkassette ist auf dem Marsch nach vorn.

Bild 32: Die Baffy Braun Band

Auch diese Fortbildung, an der etwa 250 Kollegen teilnahmen, war ein Erfolg, mit dem Fazit, dass in Zukunft kein Weg mehr an der Regionalanästhesie vorbeiführte.

Obwohl sie neue Perspektiven eröffnet hatte, war die Regionalanästhesie in der etablierten Anästhesie noch umstritten, da sie mit gewissen Risiken verbunden war. Inzwischen hat sie aber ihren Siegeszug angetreten und ist aus den Operationssälen nicht mehr wegzudenken. So werden heutzutage beispielsweise 90% aller geplanten Kaiserschnitte mit Teilnarkose durchgeführt.

Ich war zufrieden und glücklich, dass die Medien – Zeitung und Rundfunk – so großes Interesse an der Veranstaltung zeigten. Prof. Nolte, Dr. Schulte-Steinberg und ich gaben Interviews.

Das dritte Eifeler Symposium

Am 9. November 1991 folgte mein III. Eifeler Symposium, mit dem Thema „Klinische Ernährung heute und morgen“.

Die örtlichen Zeitungen schrieben damals:

„Dem engagierten Nordeifeler Mediziner, der sich durch zahlreiche Fachpublikationen sowie durch die Erarbeitung eines Anästhesiepasses (dieser wurde im Gesundheitsmagazin Praxis des ZDF vorgestellt) bundesweit einen Namen gemacht hat, gelang es auch diesmal, drei namhafte und international anerkannte Referenten für den Themenkomplex, „Klinische Ernährung heute und morgen“ zu gewinnen. Dessen Vorsitz und Schirmherrschaft hatte der Monschauer Stadtdirektor Helmut Etschenberg übernommen.

Nur in wenigen Bereichen der medizinischen Forschung wurden in letzter Zeit so große und wertvolle Fortschritte er-

zielt, wie auf dem Gebiet der künstlichen Ernährung. Daher muss in der Intensivmedizin ständig die Frage nach optimaler, effizienter, klinischer Ernährung gestellt werden."

Bei meiner ärztlichen Arbeit, besonders in der Schmerztherapie, stieß ich immer wieder auf seelische Probleme, vor denen ich manches Mal ratlos stand. Ich hätte mir in diesem Bereich mehr Fachwissen gewünscht. Deshalb belegte ich in Aachen von 1984 bis 1988 einen Weiterbildungskurs in tiefenpsychologisch fundierter und analytischer Psychotherapie nach Alfred Adler.
Es war wiederum ein Einstieg in unbekannte Räume. Psychoanalytisches Denken kannte ich weder in der Theorie noch in der Praxis. In der Ausbildungsgruppe beobachtete ich erstaunt, wie bedenkenlos sich die Teilnehmer über vermeintliche Autoritäten und Hierarchien hinwegsetzten. Wie kompromisslos sie ihre gegensätzlichen Meinungen äußerten. Ich empfand mich dabei als gehemmt und andersartig. Die Reaktionen meiner Kollegen erschienen mir respekt- und ehrfurchtslos, denn ich kam aus einer Kultur, wo die Anpassung gegenüber der Gemeinschaft sowie die Achtung vor Höherstehenden und Älteren als selbstverständlich galt. Aus diesem Grunde fand ich auch keinen Zugang zur antiautoritären Bewegung der 68er.

Im Aufnahmegespräch mit einer Analytikerin kamen Bedenken, die ich bereits vorher gehegt hatte, zur Sprache. Sie bestätigte meine Erfahrung, dass kulturelle Unterschiede die Kommunikation erschwerten. Andererseits hatte ich die Chance, in eine integrative Auseinandersetzung einzutreten. Nach der Unterredung erteilte sie mir die Zulassung zu dieser Ausbildung.

Von 1988 bis 1989 gehörte zur psychologischen Weiterbildung auch die Teilnahme an psychiatrischen Fallseminaren, klinischer Psychiatrie, Psychopathologie, Theorieseminaren und Untersuchungskursen in Düsseldorf. Darüber hinaus lernte ich autogenes Training und Hypnose. Ich nahm an Balintgruppen teil.

So technikbegeistert ich auch war, ich erkannte doch, dass den Patienten mit „bloßer Technik“ nicht gedient war. Sie sollen und wollen nicht wie funktionierende Maschinen, sondern als lebendige Organismen – ganzheitlich – wahrgenommen werden. Daher sollte ein Arzt auch Seele und Psyche berücksichtigen. Ähnliche Ansatzpunkte des Denkens und ärztlichen Handelns fand ich neben der Psychologie auch in alternativen Heilmethoden. Daher wandte ich mich ihnen besonders zu.

Am 20. April 1993 erwarb ich die Anerkennung als Arzt für Homöopathie.

Meine Frau litt eines Tages unter einem akut auftretenden Hexenschuss im unteren Rücken, durch den sie schließlich, auch wegen der angespannten Körperhaltung, die sie aus Angst vor Schmerz einnahm, fast bewegungsunfähig war. Sie kam morgens nicht mehr aus dem Bett heraus. Ich beabsichtigte, aus dem Krankenhaus Spritzen und Medikamente für sie mitzubringen. In der Zwischenzeit gab ich ihr Arnika D12 in Tablettenform, wovon sie pro Stunde zwei lutschen sollte. Sie glaubte nicht an deren Wirksamkeit, erklärte sich aber bereit, sie einzunehmen, da sie nicht schaden konnten. Als ich gegen 13.00 Uhr nachhause kam, war sie bereits aufgestanden und hatte das Mittagessen gekocht. Sie konnte sich – wenn auch zunächst nur vorsichtig – schmerzlos bewegen. Schmerz und Verspannung hatten sich stündlich gebessert.

Am Abend desselben Tages war sie praktisch geheilt. Der Hexenschuss kehrte nicht wieder zurück. Das war ein Aha-Erlebnis für uns beide.

Ich hatte immer wieder erlebt, dass Patienten bei der Frage

nach früheren Narkosen den Kopf schüttelten. Sie konnten sich weder an das Datum noch an die Art ihrer Narkosen erinnern, geschweige denn an ihren Verlauf. Schließlich waren sie ja im Tiefschlaf. Für mich als Anästhesisten war es aber wichtig, über frühere Narkosen und mögliche Komplikationen informiert zu sein. Mir kam die Idee, einen Narkosepass herauszugeben.

1987 veröffentlichte ich in unserer Fachzeitschrift einen Artikel über einen von mir entwickelten Anästhesiepass. Er sollte mehr Sicherheit für den Arzt und die Patienten bringen.

Die Veröffentlichung rief Widerstand hervor. Ein maßgeblicher Professor der Medizin meinte, der Anästhesiepass bewirke eine weitere Überfrachtung des Portemonnaies und der Handtasche seiner Gattin. Er sei daher als überflüssig abzulehnen. Den eigentlichen Grund der Ablehnung vermutete ich darin, dass die Idee nicht aus renommierten wissenschaftlichen Kreisen, sondern von einem „kleinen Chefarzt“ stammte.

Die neue Intensivstation in Simmerath

Am 17. Oktober 1992 veröffentlichte die AVZ einen Artikel über die Bewilligung der neuen Intensivstation durch den Regierungspräsidenten. Sie war längst überfällig. Bisher standen auf der alten Station, auf 50 Quadratmetern, eng zusammengedrängt, sechs Betten. Die Betreuung sollte zukünftig wesentlich individueller und humaner erfolgen.

Bei der Planung standen die körperlichen und psychischen Bedürfnisse der Patienten in ihrer Notsituation im Vordergrund.

4.550.000 DM wurden von der Landesregierung freigegeben. Kein Pfennig weniger als beantragt.

Am 15. Februar 1994 wurde die neue Intensivstation feierlich eingeweiht und kurz darauf von uns in Betrieb genommen. 450 qm standen zur Verfügung für zwei Doppel- und zwei Einzelzimmer, einen Reanimationsraum, erforderliche Nebenräume, Schleusen und Aufenthaltsräume für die Mitarbeiter sowie Funktionsräume für Patienten, Besucher, Pflegepersonal und Ärzte.

Ich freute mich besonders, dass die neuen Patientenzimmer, im Gegensatz zu früher, über große Fenster und natürliches Licht verfügten.

Als 1996 durch die Ärztekammer eine neue Prüfung zur Qualifizierung der Intensivmedizin eingeführt wurde, unterwarf ich mich noch einmal dem Stress neuen Lernens und Geprüftwerdens. Ich erhielt am 15. Januar 1997 die Anerkennung der fakultativen Weiterbildung „Spezielle Anästhesiologische Intensivmedizin“. Meine Oberärzte hatten diese Prüfung bereits bestanden. Ich hätte mich für weniger weisungsbefugt gehalten, wenn ich sie nicht auch hätte vorweisen können.

Von Freunden und Kollegen aus anderen Krankenhäusern und Kliniken weiß ich nur zu gut, wie schwierig sich oft die Zusammenarbeit zwischen den Anästhesisten und den anderen Abteilungen gestaltet, wie oft es Streitigkeiten um Kompetenzen gibt. Umso glücklicher war ich, dass es im Simmerather Krankenhaus nie so war. Wenn es Differenzen gab, dann ließen sie sich in der Regel durch Gespräche mit den Kollegen klären. Das hat uns allen die Arbeit enorm erleichtert und ein positives Klima zwischen den ärztlichen und pflegenden Mitarbeitern ermöglicht.

Trägerwechsel

1997 übergaben die Augustinerinnen das Simmerather Haus St. Brigida an die Malteser Werke mit einem feierlichen Festakt. 82 Jahre hindurch hatte der Orden der Zellitinnen – in enger Verbundenheit mit der Region und den Menschen – das 164-Betten-Haus geführt.

Für viele Mitarbeiter – auch für mich – bedeutete der Wechsel einen Einschnitt und Abschied, verbunden mit Ungewissheit, Zweifeln und Hoffnungen. Die Rede des Prinzen von Thurn und Taxis beim Festakt versprach zwar viel Positives und klang optimistisch. Die tatsächliche Entwicklung gestaltete sich aber gegenteilig.

Beim Neujahrsempfang im Januar 1999 berichtete der Kuratoriumsvorsitzende Freiherr Geyr von Schweppenburg, das Krankenhaus hätte 1998 20,5 Millionen DM Umsatz erwirtschaftet. Während andere Häuser um ihre Existenz kämpfen müssten, habe das Simmerather Haus damit ein hervorragendes Ergebnis erzielt. Von Stellenabbau sei keine Rede. Leider kam es anders.

In zwanzig Jahren hatten wir 50.000 Narkosen durchgeführt und 10.000 Patienten auf der Intensivstation behandelt. Wir feierten diesen Geburtstag 1998 mit der Anästhesieabteilung und der Intensivstation, in dem Bewusstsein, dass wir in jeder Hinsicht eine hervorragende Bilanz vorzuweisen und zum guten Ansehen des Hauses beträchtlich beigetragen hatten.

Das vierte Eifeler Symposium

Am 30. Oktober 1999 eröffnete ich das „IV. Eifeler Symposium“ mit dem Thema „Periphere und Zentrale Nervenblockade“. Wiederum hatte ich namhafte Referenten gewinnen können.

Die Bürgermeister von Simmerath und Monschau begrüßten die Gäste. Sie waren stets sehr angetan, wenn Veranstaltungen in unserem Raum stattfanden und der gute Ruf der Region gefördert wurde.

Ich freute mich besonders über die Zusage von Prof Dr. Sprotte, einem der bekanntesten Anästhesisten in Deutschland. Bekannt geworden war er durch die Entwicklung einer atraumatischen Spinalnadel, die nach ihm benannt ist. Diese Nadel wird für die Spinalanästhesie verwendet. Neben ihm hielten Prof. Mehrkens aus Ulm, Dr. Gielen aus Nijmegen, Dr. Stanek aus Mainz, Dr. Wiechmann aus Simmerath sowie ein guter indischer Freund und Pharmakologe aus den USA Vorträge. Das Symposium verlief – wie die vorherigen auch – zu unserer vollsten Zufriedenheit.

Am 1. April 2000 übertrug ich meinem Oberarzt Dr. Badreddin die Leitung der Intensivstation. Die Verantwortung im Führungsteam wurde so auf mehrere Schultern verteilt.

Ich tat dies auch deshalb, weil es mir wichtig war, besondere Fähigkeiten der Kollegen zu fördern und ihnen eigene Handlungsbereiche einzuräumen. Für das Arbeitsklima und die Qualität einer funktionierenden Abteilung ist die Zufriedenheit der Mitarbeiter sowie ihre Anerkennung durch die Vorgesetzten ein wesentlicher Faktor.

Die Infusionsmethode

Ende September war ich zu einem Kongress deutsch-syrischer Anästhesisten in Syrien eingeladen. Ich sollte dort einen Vortrag über die Identifikation des Periduralraumes mittels Infusionsmethode halten. Ich hatte dieses Verfahren seit 1980 wiederentdeckt, weiterentwickelt und eine Reihe wissenschaftlicher Arbeiten darüber veröffentlicht.

Bild 33: Deutsche Anästhesisten in Syrien

Die Infusionsmethode hat die Eigenschaft, dass sie aufgrund ihrer einfachen und sicheren Technik auch von Assistenzärzten leicht erlernt und durchgeführt werden kann. Die Stempeldruckmethode erfordert dagegen Geschicklichkeit und Übung. Sie birgt die Gefahr, dass der Periduralraum nicht exakt identifiziert wird. Die Versagerquote ist hoch. Wenn die Nadel nicht genau in den Periduralraum eindringt, sitzt die Narkose nicht.

In der Ausbildung stehende Anästhesisten waren in der Regel von der Infusionsmethode begeistert. Die Reaktionen in Fachkreisen waren hingegen gespalten. Ich fand die Gegenargumente nicht überzeugend. Ich vermutete als den wahren Grund der Ablehnung, dass der erfahrene Spezialist nur ungern vom Podest des „Könners" hinabsteigt, wenn die bisher allein von ihm beherrschte Methode plötzlich auch für Anfänger leicht erlernbar ist.

Seit 16 Jahren arbeitete ich im Simmerather Krankenhaus mit dem Kollegen Chefarzt Dr. Wiechmann zusammen. Es war eine Teamarbeit, die vor allem im Bereich der Geburtshilfe Früchte trug. Fast 90 Prozent aller Kaiserschnitte wurden mit rückenmarksnahen Narkosen – meistens mittels Periduralanästhesie – durchgeführt. Sie waren sehr beliebt, weil die Frauen keinen Geburtsschmerz erdulden mussten. Aber die Geburt konnten sie bei vollem Bewusstsein und – falls gewünscht – im Beisein des Vaters miterleben.

Kurz nach meiner Rückkehr aus Syrien organisierte ich ein zweitägiges Reiki-Seminar mit Prof. Dr. Aashish Phadke aus Mumbai. Der indische Mediziner, der einen Lehrstuhl für ayurvedische Heilkunde in Mumbai hatte, kam auf meine Einladung hin in die Eifel. Da er kein Deutsch konnte, übersetzte meine Frau sein Englisch während des Seminars simultan.

Reiki ist ein alternatives Heilverfahren, das nur von einem Menschen ausgeübt werden kann, der von einem befugten Lehrer eingeweiht worden ist. Die Initiation öffnet einen Kanal, durch den der Behandelnde dem Patienten Lebensenergie zuführt. Reiki beinhaltet beides: Energie und Technik. Reiki steigert die Gesundheit und das Wohlbefinden. Es kann Schmerzen und leichte Erkrankungen lindern, ersetzt aber keinesfalls den Arzt.

Immer mehr Menschen in der Eifel zeigten Interesse für alternative Medizin und nicht-schulmedizinische Heilverfahren. Dazu gehört auch Ayurveda. Er zielt zunächst nicht auf die Behandlung von Krankheiten, sondern auf den Erhalt des Gleichgewichts der Lebensenergie oder seine Wiederherstellung.

Ayurveda – wie auch die traditionelle chinesische Medizin – zeichnet sich durch das ganzheitliche Verständnis von Gesundheit aus. Es behandelt nicht isoliert Organe oder Körperregionen, sondern einen in allen Teilen miteinander vernetzten Organismus.

Das fünfte Eifeler Symposium

Am 21. Oktober 2000 veranstaltete ich ein V. Eifeler Symposium. Im Mittelpunkt stand die Schmerztherapie in Klinik und Praxis. Die Tagung fand im Carat-Hotel in Monschau statt. Es waren auch Referenten eingeladen, die alternative Schmerztherapien vorstellten, z.B. Traditionelle Chinesische Medizin (TCM) und Akupunktur.

Silberjubiläum und letztes Eifeler Symposium

Anlässlich des 25jährigen Bestehens der Anästhesie-Abteilung im Malteser Krankenhaus St. Brigida lud die Malteser St. Elisabeth GmbH am 16. Mai 2003 zu einer Feierstunde ein. Festredner waren u.a. der Kuratoriumsvorsitzende Freiherr Geyr von Schweppenburg und Prof. Dr. Buzello aus Köln. Er referierte als Hauptredner beim Festvortrag über die Geschichte der Anästhesie.

Bei dieser Gelegenheit erhielten alle Gäste eine von mir verfasste Chronik unserer Anästhesieabteilung.

Am nächsten Tag, dem 17. Mai 2003, begann das VI. und letzte Eifeler Symposium in Monschau, mit dem Thema:

„Anästhesie Gestern – Heute – Morgen" (Prof. Guido Hack aus Singen)

Chronik der Anästhesie

„Vor etwa 25 Jahren erblickte die Anästhesie-Abteilung das Licht der Welt. Ich weiß, das ist kein weltbewegendes Ereignis, kein Jubiläum, das die Aufmerksamkeit einer breiten Öffentlichkeit auf sich ziehen würde. Wir jedoch, die Kolleginnen und Kollegen und die Schwestern und Pfleger der ersten Stunde, wie auch jene, die in der Folgezeit zu uns gestoßen sind, dürfen den Ablauf der ersten 25 Jahre wohl mit Recht zum Anlass nehmen, aus dem Betriebsalltag einmal auszubrechen und uns zu diesem Fest zusammenzufinden.

Wir erinnern uns heute noch einmal, dass vor 25 Jahren, am 01.01.1978, im Simmerather Krankenhaus die erste eigenständige Anästhesie-Abteilung eingerichtet wurde. Bis dahin wurden die Narkosen von Chirurgen durchgeführt.

Aufbau und Entwicklung einer neuen Abteilung erfordern viel Einsatz und Mühe. Um nur ein Beispiel unter anderen zu nennen, erinnere ich daran, dass wir in den ersten 5 Monaten nur einen einzigen Assistenten, Dr. Wolfgang Mau, hatten. Er ist inzwischen Chefarzt geworden und ich freue mich, dass er heute unter uns ist.

Ich freue mich ebenso, dass unsere Kolleginnen, Kollegen, Schwestern und Pfleger aus den 80er und 90er Jahren – und bis heute – meiner Einladung gefolgt sind, umso mehr als es teilweise ein weiter Weg hierher ist.

Einer von Ihnen, der langjährige OA Dr. Salehi, hat mir folgenden Brief geschrieben: „Gerne erinnere ich mich noch an die Zeit unserer Zusammenarbeit. Leider kann ich aus gesundheitlichen Gründen nicht kommen.

Ich danke Ihnen insbesondere für das Vertrauen, das Sie mir all die Jahre entgegengebracht haben. Es war für mich als Newcomer nicht leicht, Fuß zu fassen. Ohne den Vertrauensvorschuss, den Sie mir eingeräumt haben, wäre es unmöglich gewesen."

Ganz gewiss sind uns die Jahre des Aufbaus besonders schwer gefallen. Da gab es noch keine eingefahrenen Gleise, auf denen man sich in überraschenden Situationen hätte weiter helfen können. Da mangelte es an der Routine, die einen beinahe intuitiv die richtige Lösung finden lässt. Inzwischen sind wir wer, inzwischen hat unsere Abteilung auch bei Kennern einen guten Ruf."

Frau Prof. Dr. J. Schreiner-Hecheltjen, Chefärztin des Elisabeth-Krankenhauses in Essen, schrieb mir am 29. April 2003 folgendes:

„Zunächst darf ich Ihnen zu Ihrem Hause, Ihrer Abteilung und Ihrem 25- jährigen Jubiläum der Anästhesie-Abteilung im Krankenhaus in Simmerath gratulieren. Ich tue dies mit großer Überzeugung. Sie sind nach meiner Information der

erste eigenständige, eigenverantwortliche Anästhesist in diesem Hause und haben unseren Fachgebieten Anästhesiologie, Intensivmedizin und Schmerztherapie in kompetentester Weise einen Platz eingeräumt.“

Da Anästhesie ein relativ neuer und junger Fachbereich der Medizin war, galt es damals durchaus nicht als selbstverständlich für jedes Krankenhaus, vor allem nicht für ein kleineres, eine eigene Anästhesie-Abteilung vorzuweisen. Sie schrieb weiter:

„Mögen Sie – und das werden Sie tun – in Dankbarkeit und Zufriedenheit ihr berufliches Kapital im Krankenhaus nun in die Hände Ihres Nachfolgers legen. Mögen Sie einen neuen, zufriedenen Lebensabschnitt beginnen, innovativ in voller Gesundheit und Schaffenskraft für viele, viele Jahre.

Eine Lebensweisheit für die nächsten Jahre zum Wahlspruch:

‚Man sollte die Dinge so nehmen, wie sie kommen. Aber man sollte dafür sorgen, dass die Dinge so kommen, wie man sie nehmen möchte.‘“

Bild 34: Mitarbeiter der Anästhesie-Abteilung

MUTTERHAUS DER AUGUSTINERINNEN - ZELLITINNEN
KLOSTER ZUR HL. ELISABETH

50935 KÖLN-LINDENTHAL 16. Februar 2005
GLEUELER STRASSE 301 TEL 0221/4301021

Sehr geehrter lieber Herr Dr. Bhate!

Nach vielen Jahren Ihres ärztlichen Dienstes im St. Brigida-Krankenhaus ist die Zeit gekommen, einen neuen Lebensabschnitt zu beginnen. Mit aufrichtigem Bedauern denke ich daran, welch ein Verlust Ihr Abschied für das Krankenhaus bedeutet.

Wenngleich das Haus nun bereits einige Jahre in anderer Trägerschaft ist, haben doch die langen Jahre Ihrer Zusammenarbeit mit unserer Ordensgemeinschaft eine gute Verbindung wachsen lassen. Ihre ärztlichen Fähigkeiten setzten Sie stets zum Wohl der Kranken und des Hauses ein. Dahinter aber steht die Persönlichkeit eines sehr sympathischen Menschen mit all seinen Qualitäten. Wir danken Ihnen für die vielen Jahre Ihres engagierten Einsatzes und für die gute Zusammenarbeit.

Einen ganz besonderen und persönlichen Dank möchte ich Ihnen aussprechen - auch im Namen unserer Schwestern - dass Sie immer sehr darauf bedacht waren, die religiösen Erfordernisse eines katholischen Krankenhauses zu gewährleisten. Das schätze ich besonders hoch ein, da Ihre Glaubensüberzeugung doch ganz andere Wurzeln hat. Letztlich sind wir alle Gottes Geschöpfe und in Seiner Hand.

Während der vergangenen Jahre gab es auch viel menschliches Miteinandertragen. Daraus erwuchs eine geistige Verbindung, die auch in Zukunft bestehen bleiben wird. Unser Gebet und herzliches Gedenken wird Sie und Ihre Familie auch weiterhin begleiten. Wir wünschen Ihnen einen geruhsamen, mit dankbarer Zufriedenheit erfüllten Ruhestand. Diese Zeit möge Ihnen auch die Möglichkeit bieten, persönliche Interessen zu pflegen, die in der Zeit Ihres Beruflebens vielleicht zu kurz gekommen sind. Viel Freude dabei!

Gottes Segen und Glück wünschen wir Ihnen auf Ihrem weiteren Lebensweg.
In dankbarer Verbundenheit grüßt Sie und Ihre liebe Frau

Ihre
Sr. M. Hedwig

P.S. Anbei einen Scheck für die Schule der taubstummen Kinder in Indien. Ich hoffe, Ihnen damit eine Freude zu bereiten.

Am 1. Mai 2005 schrieb – im Auftrag des Landesverbandes e.V. DRK – Hartmut Krabs-Hohler folgenden Brief:

Sehr geehrter Herr Dr. Bhate,

im Namen des DRK- Landesverbandes Nordrhein-Westfalen wünschen wir Ihnen sehr herzlich alles Gute zu Ihrem verdienten Übergang in den Ruhestand.

Sie sind uns in Ihrer Funktion als ärztlicher Leiter unserer Berufsfachschule in Simmerath in den vergangenen zwei Jahren ein sehr wertvoller Berater und Wegbegleiter gewesen. Ihre ehrliche und stets korrekte Verhaltensweise schätzen wir nun schon seit fast 7 Jahren. Begonnen hat unsere Zusammenarbeit mit Ihrer Tätigkeit als Prüfungsvorsitzender bei Rettungs-Sanitäter-Prüfungen in der damaligen Dienststelle Simmerath-Strauch.

Ihr gesamter Werdegang war stets von der Breitschaft und dem Wunsch geprägt, sich sozial zu organisieren, in Ihrem Krankenhaus in Simmerath, beim DRK und bei vielen Hilfsprojekten in Ihrem Heimatland Indien. Dies ist sicher nur zum Teil durch Ihr berufliches Leben so ausgeprägt, vieles liegt in Ihrer Persönlichkeit begründet.

Wir hoffen, dass Sie uns in Ihrer Funktion als ärztlicher Leiter unserer Schule in Simmerath noch lange erhalten bleiben und wünschen Ihnen allzeit Gesundheit, Ausgeglichenheit und Zufriedenheit.

Ihnen einen schönen und unvergesslichen Tag im Kreise Ihrer Freunde und der Familie wünschend verbleibe ich

Mit freundlichen Grüßen
Im Auftrag
Hartmut Krabs-Hohler
Abteilungsleiter

Zum DRK hatte ich immer eine besondere Beziehung, auch über unseren Jüngsten, Ajay. Er hatte dort ja seinen Sanitäter, den Zivildienst und die Ausbildung zum Rettungsassistenten gemacht. Als der Landesverband NRW des Deutschen Roten Kreuzes (DRK) im BGZ Simmerath eine Berufsfachschule für den Rettungsdienst eröffnete, übernahm ich im Mai 2003 die ärztliche Leitung, gemeinsam mit dem Chefarzt des Medizinischen Zentrums des Kreises Aachen, Dr. Frank Eichwede.

Es war eine gute Entscheidung gewesen, die Stelle in Simmerath anzunehmen. Ich schäme mich nicht, es zu sagen: Ich bin stolz auf das, was ich erreicht und bewirkt habe. In 25 Jahren wurden mehr als 60.000 Narkosen durchgeführt. Ich konnte mehr als dreißig Publikationen in Fachzeitschriften veröffentlichen und hatte die Möglichkeit, zwei Dissertationen meiner Mitarbeiter zu unterstützen.

Während meiner Tätigkeit als Chefarzt habe ich mehrere Fachvorträge in Aachen, Monschau, Simmerath, Baden-Baden, Genk (Belgien), Aleppo (Syrien), Mumbai, Barsi und Solapur (Indien) gehalten.

Nach 35 Jahren ärztlicher Tätigkeit muss ich zugeben, dass ich in Bigamie gelebt habe. Da ich mit dem Krankenhaus sozusagen verheiratet war, war ich von zuhause oft und viel abwesend. Meine Frau bezeichnete sich manchmal als alleinerziehende Mutter und grüne Witwe. Wir haben großenteils die traditionelle Arbeits- und Rollenteilung praktiziert – mit beiderseitigem Einverständnis. Sie hielt mir den Rücken frei und ich wusste die Kinder gut bei ihr aufgehoben, so dass ich mich weit über das Normalmaß hinaus engagieren konnte. Mein Interesse fokussierte sich auf zwei Schwerpunkte: wissenschaftlich-medizinische Fragen und praktische Tätigkeiten mit ihrer menschlichen Beziehung zum Patienten. Von Kindheit an war ich ehrgeizig und leistungsbewusst. Von meinem Vater hatte ich geradezu preußische Ordnung, Disziplin und

Pünktlichkeit gelernt, was mir sehr zugute kam. Darüber hinaus fühlte ich mich – als Inder in Deutschland – stets dem guten Ruf Indiens verpflichtet.

Im August 2003 erhielt ich als Dank für meine 25jährige Mitgliedschaft in der DGAI (Deutsche Gesellschaft für Anästhesiologie und Intensivmedizin) die Ehrennadel.

Am 6. Januar 2004 bekam ich von der deutschen Assoziation des Souveränen Malteser Ritterordens die Malteser Plakette in Gold als Zeichen der Anerkennung und des Dankes für besondere Verdienste um die Erfüllung des Malteser Auftrages. Die Urkunde wurde vom Präsidenten Dr. Leo Ferdinand Graf Henkel von Donnersmarck unterzeichnet.

Anerkennung in offizieller Form, wie auch in der persönlichen Resonanz, hat mir immer wohlgetan. Darin unterscheide ich mich nicht von anderen Menschen. Sie gehen nur unterschiedlich damit um.

Unsere Reisen

Im Mai 2004 verbrachte ich, gemeinsam mit meiner Frau, mit Dr. Di Wu – einem chinesischen Arzt aus Euskirchen, der zugleich ein Spezialist für TCM- Medizin und Akupunktur war –, seinem Praxiskompagnon, Dr. Alois Wördehoff – Arzt für Urologie, Schmerztherapie und Neuraltherapie – sowie Prof. Dr. Hans Schwering – Chefarzt der Chirurgie des Marienhospitals in Euskirchen – zehn Tage in Peking.

Wir besuchten auch das große und bekannte Organtransplantationszentrum in Tianjiin. Tianjiin liegt ungefähr hundert Kilometer von Peking entfernt. Wir wurden vom dortigen Geschäftsführer und dem ärztlichen Direktor sehr herzlich empfangen. Nachdem wir als deutsche Delegation vorgestellt worden waren, gab man uns Gelegenheit, das Krankenhaus zu besichtigen.

Tianjiin transplantierte im Jahre 1994 erstmals eine Leber bei einem Bauern, der 56 Jahre alt war. Der Patient lebte noch und arbeitete auf seiner Farm, mit einer für ihn hohen Lebensqualität.

Am Nachmittag besuchten wir eine der größten TCM-Kliniken in Peking. Hier finden alternative Behandlungen statt: Körperakupunktur, Schröpfen und TCM. Täglich werden in der Klinik mehr als 120 Patienten behandelt. In einem Raum befinden sich zehn Behandlungsliegen. Die Patienten werden alle dreißig Minuten behandelt, z.B. genadelt oder geschröpft.

Wir kamen natürlich auch in den Genuss chinesischer Kultur: Baudenkmäler, Skulpturen, Malerei, Musik und zauberhafte Gärten. Beim Besuch der großen Denkmäler fielen uns zahlreiche Touristen aus den verschiedensten Teilen des Riesenreiches auf, die anscheinend großes Interesse an chinesischer Kultur und Geschichte hatten. Sie waren gegenüber den wenigen westlichen Ausländern stark in der Überzahl.

Man erzählte uns, dass Peking nicht mit China gleichzusetzen sei. Auf uns wirkte es teilweise wie eine westliche Metropole. Auffallend war die Sauberkeit der Straßen, der öffentlichen Toiletten und Gebäude. An jeder Ecke fegten Menschen Rinnsteine, Bürgersteige, Treppen und Flure. Man sah keine Bettler, Obdachlosen und Straßenkinder. Die Anzahl der kleinen Mädchen war gering. Es gab fast ausschließlich Jungen, die in der Regel gut genährt und gekleidet waren. Die Auswirkungen der staatlichen Geburtenkontrolle lagen auf der Hand.

Der Verkehrsauflauf war riesig. Blechlawinen wälzten sich über sechs- und achtspurige Avenuen. Der Himmel in Peking ist selten klar blau. Die Stadt leidet chronisch unter Smog. Hunderte von Bäumen sind aus ökologischen Gründen neu gepflanzt worden.

Im März 2005 reisten wir mit dem Malteser Hilfsdienst für eine Woche nach Rhodos.

Rhodos spielt in der wechselvollen Geschichte des Malteserordens eine bedeutende Rolle. 1309 nahmen die Ordensritter die Insel in Besitz. Es folgte eine mehr als 200jährige Blütezeit. Die mächtigen Burgen und Festungen, die während dieser Zeit entstanden, versetzen noch heute in Erstaunen.

Ein Bild, das sich meiner Frau und mir lebhaft eingeprägt hat, ist der üppig blühende rote Mohn auf den alten Festungsmauern. Vergangene Geschichte und neues Leben sind miteinander verbunden.

Schön war die Begegnung mit der Dorf- und Stadtkultur des Mittelmeerraums. Die engen Straßen, die weißen Häuser und Kirchen, die Dorfplätze, die Zypressen und Pinien mit ihrem dunklen Grün, das Blau des Meeres.

Die Insel Symi mit dem orthodoxen Michaelskloster hat mich – gerade durch die Atmosphäre einer andersartigen Frömmigkeit – sehr beeindruckt. Die große Bedeutung und Verehrung der Bilder, die dunklen, von Gold und Kerzenlicht schimmernden Kirchen, all das kam meinem tiefen Empfinden sehr entgegen.

Die dritte Reise mit den Maltesern ging 2007 nach Sorrent an die Amalfiküste (Italien). Dieses Mal nahm auch ein befreundetes Ehepaar aus Simmerath daran teil. Wir besuchten Neapel, Pompeji, den Vesuv, Capri, Paestum, Sorrent und andere Orte. Es war sehr schön, all diese Erlebnisse mit Freunden zu teilen und sich auszutauschen.

Die großen Fenster des Speisesaals in unserem Hotel boten einen herrlichen Blick auf den Vesuv. Wir besuchten Pompeji, die römische Stadt, über die der Vesuv im August 79 n. Chr. Tod und Zerstörung brachte. Besonders eindrucksvoll waren die Menschen und Tiere, die in Sekundenschnelle von der glühenden Lava übergossen und konserviert wurden. Anschließend fuhren wir zum Vesuv und wanderten unter fachkundiger Führung bis zum Krater. Es war beängstigend, zu sehen, wie Rauch und Dämpfe in unterschiedlicher Intensität noch immer aus den Felsen aufstiegen. Schrecklich ist die Vorstellung, der Vulkan könnte jederzeit wieder ausbrechen und alles unter sich begraben. Wir sprachen manchmal darüber, wie sich das Leben der Menschen am Rande des Vulkans wohl gestaltete. Meine Frau betonte, sie würde hier nicht leben wollen. Ich hätte weniger Probleme, ein solches Risiko einzugehen. Dies liegt auch an meinem Glauben, wonach mein Tod vorher bestimmt ist. Was allerdings nicht bedeutet, dass ich keine Angst hätte.

Die letzte Reise führte im Februar 2008 nach Andalusien. Es gibt nicht viele Regionen in Europa, die mit so viel landschaftlicher und kultureller Vielfalt gesegnet sind. Wir besuchten die durch eine 100 m tiefe Schlucht geteilte Stadt Ronda, die alte Kalifenmetropole Cordoba, die berühmte Alhambra in Granada sowie Marbella und Sevilla.

Mich hat besonders die Stadt Ronda beeindruckt. Sie ist auf einem 780 m hohen Felsplateau errichtet und wird durch eine 150 m tiefe Schlucht geteilt. Das Stadtbild, mit seinen engen Gassen und den hohen weißen Häusern, entspricht ganz der mediterranen Bauweise.

In lebhafter Erinnerung geblieben ist mir die große Moschee von Cordoba, in die eine Kathedrale eingebaut war. Sehr sehenswert ist der Wald der 856 Säulen, der zu Recht als „Palmenwald“ bezeichnet wird. Die Moschee erscheint wie die Integration zweier Religionen – des Christentums und des Islams.

9. Kapitel

Alles hat seine Zeit

Am 31. März 2005 ging ich in den Vorruhestand. Ich hatte plötzlich viel Zeit für mich, die Familie und meine persönlichen Bedürfnisse. Es entstand ein Freiraum, von dem ich nicht genau wusste, wie ich ihn füllen sollte.

Nach 27jähriger Tätigkeit im Simmerather Krankenhaus wurde ich am 4. Mai 2005, im Rahmen einer Feierstunde, endgültig verabschiedet. Mein Nachfolger wurde Dr. Rudolf Jegen.

Der Abschied vom Berufsleben fiel mir nicht leicht. Ich liebte meine Arbeit, die Herausforderungen und Erfolge. Bei schweren Fällen hatte ich viele Stunden, manchmal Nächte, mit dem Studium von Fachbüchern und Fachzeitschriften verbracht, um die modernste und beste Behandlungsmethode für Patienten zu erkunden. Wie glücklich waren wir alle, Ärzte wie Pfleger, wenn ein Leben gerettet war. Zum Beispiel das des schwer verletzten belgischen Patienten, der mit seinem Motorrad gestürzt war. Er brachte uns jedes Jahr, am Tag seines Unfalls, einen Kuchen auf die Intensivstation, als Ausdruck seiner Dankbarkeit und Wertschätzung. Kontakte zu Menschen waren lebensnotwendig für mich. Die Beziehung zu den Patienten, die mir immer wieder gezeigt hatten, wie sehr sie mich schätzten, sowie natürlich die Zusammenarbeit mit den ärztlichen Kollegen und dem Pflegepersonal, der Austausch, die Diskussionen, die gemeinsamen Überlegungen und Beratungen, all das würde mir sehr fehlen.

Mir war aber nicht nur „der Mensch“, der Patient, wichtig. Es wäre unehrlich, zu bestreiten, dass ich auch ehrgeizig war und das Bedürfnis hatte, in meiner Leistung wahrgenommen zu werden. Das ist mir auch in reichem Maße zuteilgeworden. Ich war immer tief berührt über das Feedback von Patienten und Kollegen. Ich war und bin froh, so viele Chancen gehabt zu haben.

Andererseits war ich erleichtert, nun mehr Ruhe zu haben. Ich hatte intensiv und engagiert gearbeitet, unter der Last einer Verantwortung, bei der es oft um Leben und Tod ging. Auch die Arbeitsbedingungen und die finanzielle Lage hatten sich verschlechtert. Manchmal schien sich die Arbeit zu einem Kampf gegen Windmühlenflügel zu entwickeln. Immer öfter spürte ich Müdigkeit und Resignation.

Wenn ich nun auf die Jahre zurückblicke, die seit Beginn meines Ruhestands vergangen sind, dann macht mich die Veränderung, die am Krankenhaus vorgegangen ist, traurig. Gleichzeitig bin ich aber erleichtert, dass ich sie als Chefarzt nicht mehr mittragen muss.

10. Kapitel

„Meine Kinder“ in Barsi

Dr. Kashyapi ist Leiter einer Taubstummenschule in Barsi. Er war der Arzt meiner Eltern, wenn sie sich dort aufhielten. Durch sie lernte ich ihn und die Schule kennen. Er lud uns zu sich ein, stellte uns die Einrichtung vor und erzählte alles über die Geschichte ihrer Entstehung. Träger ist das Indische Rote Kreuz, das sie von der Basis her unterhält. Daneben gibt es staatliche Zuschüsse für 65 Kinder. Das reicht natürlich vorn und hinten nicht, und so ist die Schule weitgehend von Spenden abhängig.

Der Einzugsbereich erstreckt sich über 150 km ins Umland. Die Kinder kommen – ab dem Alter von 4 Jahren – aus den umliegenden Dörfern und werden zumeist von ihrem behandelnden Arzt empfohlen.

Schulinternat und Gebäude waren bis 2004 gemietet. Ungefähr 127 Schüler besuchen regelmäßig die Schule, 117 von ihnen wohnen im Internat. Für alle Schüler sind 14 Lehrkräfte und 18 weitere Mitarbeiter zuständig.

Die Wohn- und Schulräume waren sehr dürftig, die hygienischen Verhältnisse erbärmlich, das Leben von Lehrern wie Kindern ärmlich.

Letztere haben aber die Möglichkeit, Grundkenntnisse zu erwerben. Darüber hinaus lernen sie Basteln, Malen, Holzarbeiten und kunsthandwerkliche Tätigkeiten. Auch Sport, Tanz und Schauspiel gehören zum Lehrplan. Zumindest werden sie befähigt, sich später mit Hilfsarbeiten selbst zu unterhalten und Geld zu verdienen.

Die jetzige Ausbildung der Schüler entspricht in etwa den Lernzielen einer deutschen Grund- und Hauptschule, soweit diese Institutionen vergleichbar sind. Für mich war es von

Anfang an erschütternd und bewegend, Kinder zu erleben, die ohne dieses Schulangebot ein Leben in Elend und Armut führen würden. Sie lernen nicht missmutig und gezwungen, sondern freudig und neugierig. Sie sprühen vor Kreativität und rührender Dankbarkeit für die Unterstützung und Zuwendung, die man ihnen schenkt. Sie zeigten – in diesem Fall mir – ihre Dankbarkeit, indem sie Tänze und Sportvorführungen darboten sowie Bilder und kleine „Kunstwerke“ als Geschenke herstellten.

2005 zog die Taubstummenschule in ein neues Gebäude um. Dieses stand auf einem Grundstück, das die Stadt zur Verfügung gestellt hatte. Es fehlten aber neue akustische Geräte und Einrichtungsgegenstände. Auch eine Kantine sollte gebaut werden.

Nachdem ich 2004 die Schule unserem Lions Club in einem Vortrag vorgestellt und über die Projekte berichtet hatte, stellte der Club eine größere Summe zur Verfügung. Nach einer Überprüfung durch den LCIF (Lions Club International Foundation) in den USA fügten die Amerikaner die gleiche Summe hinzu, so dass schließlich eine Summe von 22.200,00 USD zur Verfügung stand.

Hans-Peter Drews wurde durch den LCIF als Projektleiter eingesetzt. Nach der Überwindung vieler bürokratischer Hürden wurde das Projekt endlich realisiert. Bei der Einweihung war ich anwesend.

Bild 35: Die Taubstummenschule in Barsi

Als ich meinen 55. Geburtstag (1997) in einem indischen Restaurant in Aachen mit vielen Freunden und Bekannten feierte, bat ich anstelle von Geschenken um eine Spende für die Taubstummenschule. Dabei kamen 2800,00 DM zusammen. Bei meinem 60. Geburtstag (2002) und bei der Abschiedsfeier (2003) kamen weitere 6000,00 € zusammen.

Von 1997 bis 2007 sammelte ich – einschließlich einer Spende vom Lions Club Monschau – insgesamt 30. 542 58,00 €.

Bild 36: Das Bastelgeschenk

Eine Bastelarbeit der Kinder erhielt ich zu meinem 60. Geburtstag. Sie stellt einen goldenen Bundesadler dar, da ich in Deutschland lebe.

Ich bin mir der Privilegien bewusst, die ich in meinem Leben genossen habe. Ich will daher auch etwas für diejenigen tun, die keine Chancen haben. In gewissem Sinne bin ich außerdem meiner indischen Heimat „untreu geworden", weil ich in Deutschland lebe. Mit der caritativen Unterstützung kann ich wenigstens etwas für Indien bewirken. Lieber ein Tropfen auf den heißen Stein, als überhaupt nichts.

Bild 37: Während des Unterrichts

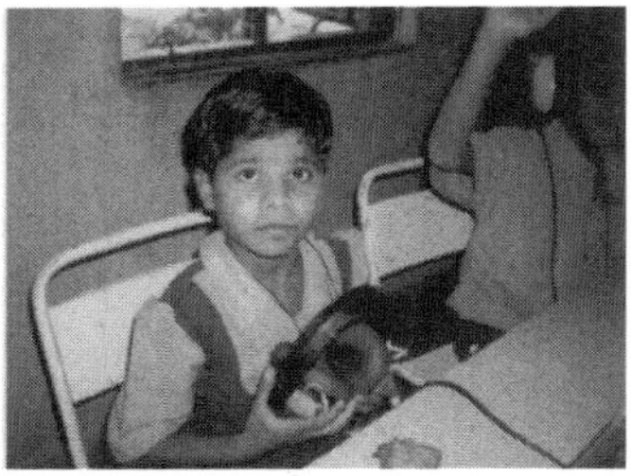

Bild 38: Ein Schüler

Bild 39: Schüler mit Lehrerin

Die Kinder malten uns Bilder und wünschten ein frohes neues Jahr.

Bild 40: Gemaltes Bild

Clubleben

1993 wurde der Lions Club Monschau gegründet. Albert Schröder, der spätere erste Präsident, fragte mich, ob ich Mitglied werden wollte. Nach längerer Überlegung stimmte ich zu, trotz gesundheitlicher Einschränkungen. Die Charterfeier fand am 15. Mai 1993 in Monschau statt.

Bild 41: Gründung des Lions Club

Da ich infolge meines Vorruhestands im Jahre 2005 zum ersten Mal mehr Zeit hatte, war ich bereit, die Vizepräsidentschaft und für 2005 das Amt des Präsidenten zu übernehmen.

Anlässlich der Amtsübernahme lud ich Ende Juni 2005 alle Mitglieder zu einem indischen Abendessen ins „Taj Mahal“, ein Aachener Restaurant, ein.

Bild 42: Vorgänger und Nachfolger

Aus meiner Antrittsrede vom 2. Juli 2005:

Wahrscheinlich geht es jedem Präsidenten bei Amtsantritt mehr oder weniger ähnlich wie mir: Ich frage mich, ob ich den Anforderungen gerecht werde, und empfinde einen gewissen Leistungsdruck. Ähnlich, wie wenn man eine neue Arbeitsstelle antritt.

Jeder Präsident bringt seine persönlichen Eigenschaften und Qualitäten mit ein, und von daher hat jede Präsidentschaft ihre eigenen Charakteristika. Das macht als Qualitätsmerkmal die Vielfalt der Amtsführung aus.

Einige Aspekte dieser Unterschiedlichkeit – nämlich dass ich geborener Inder bin – zeigen sich darin, dass Ihr heute Abend in einem indischen Restaurant indisches Essen esst und ich im August einen indischen Film und den Besuch einer asiatischen Ausstellung anbieten werde.

Die Qualität Deiner Arbeit, Hans Peter, möchte ich natürlich fortsetzen. Wenn auch mit unterschiedlichem Schwerpunkt: Toleranz, Integration, Völkerverständigung und Kulturaustausch werden in meiner Arbeit als Lionspräsident eine wichtige Rolle spielen.

In dem vergangenen Jahr als Vizepräsident habe ich Ein-

blick in die Arbeit des Vorstands und des Präsidenten bekommen. Ich habe empfunden, wie viele unterschiedliche und sogar gegensätzliche Meinungen es zu einem Thema gibt.

Wie schwer es ist, alle Meinungen ernst zu nehmen und unter einen Hut zu bringen.

In der Regel muss vieles aussortiert werden, und man sich für Eines entscheiden.

Das bedeutet für mich, auch Verantwortung und Führung zu übernehmen. Gleichzeitig möchte ich loyal, offen und tolerant sein. Angewiesen bin ich bei diesem Spagat auf Eure Unterstützung und Mithilfe.

Für das nächste Jahr habe ich mir einige Ziele gesetzt, die ich hoffentlich verwirklichen kann:

- *Motivierung der Mitglieder und ihre Begeisterung für Activities*
- *Fortführung von außerordentlichen Clubzusammenkünften*
- *Pflege reger Kontakte zu den Nachbarclubs*
- *Augenmerk auf die Verjüngung des Clubs richten, was z.B. bedeutet, Kontakte zu den Leos aufzunehmen.*

Aufgrund der Finanzknappheit werden die Erwartungen bezüglich Hilfsangeboten von Seiten der Kommune, der Institutionen und Vereine an uns steigen. Wir müssen als Lions unsere Anstrengungen erhöhen, auf diese Herausforderungen eine Antwort zu finden. Auch deshalb ist die kontinuierliche Steigerung unserer Mitgliederzahl nötig. Mehr Mitglieder bedeuten mehr Geld, mehr Ideen, mehr Einsatzmöglichkeiten für Serviceprogramme und – last, but not least – Verjüngung der Altersstruktur.

Ähnliche Ziele hat auch der neue internationale Präsident Ashok Mehta aus Indien mit der Formulierung „Plus eins" gesetzt. Er meint damit, dass am Ende seiner Amtszeit in jedem Distrikt ein Lions Club mehr und in jedem Club ein Mitglied mehr sein sollte.
Nun bin ich sehr gespannt, wie meine Amtszeit verlaufen wird. Ich baue auf eine gute Zusammenarbeit.

Zum Schluss sage ich: „Es gibt nichts Gutes, außer man tut es."

Etwas möchte ich aber noch über meine Heimatküche erzählen:
Die indische Küche gehört zu den ganz großen Küchen dieser Welt. Außerordentlich abwechslungsreich, hat sie die Jahre britischer Besatzung unbeschädigt überstanden. Essen ist in Indien mehr als nur Hunger stillen. Es ist auch Ritual und muss im Zusammenhang mit sakraler Verehrung gesehen werden.

Curry ist eine Mischung aus Kardamom, Nelken, Koriander, Kreuzkümmel, Ingwer und Gelbwurz. Diese Gewürze benötigt man – in unterschiedlicher Mischung – unbedingt zu einem indischen Essen. Da wenig Fleisch gegessen wird, ist die indische Küche weitgehend eine vegetarische Küche, aber mit vielen Raffinessen.

Eine Besonderheit der indischen Küche sei erwähnt, die religiösen Ursprungs ist: Kein indischer Koch, keine Hausfrau wird zubereitete Gerichte abschmecken. Das gilt als grob unschicklich, weil man damit den Göttern vorgreifen würde, die als Erste von den Speisen kosten sollen. Meine Schwägerin nimmt von jedem Mittagessen eine kleine Portion und trägt sie auf die Straße, um eine „heilige Kuh" zu füttern, die einer Frau gehört, welche von ihr lebt. Die Besitzerin hat immer Gras und Heu bei sich, und die Passanten kaufen ihr etwas ab und füttern damit das Tier.

Wer in Indien bei einer Familie eingeladen ist, muss gewisse, in Europa gelernte Höflichkeiten vergessen. Man wartet nicht, bis die Dame des Hauses sich zu den Gästen setzt und alle zusammen mit dem Essen beginnen. Da könnte man lange warten. Die bleibt nämlich mit den anderen Frauen des Haushalts in der Küche, backt Chapatis, damit diese ganz heiß und frisch auf den Tisch kommen, und erscheint nur zum Servieren. Sie selbst isst erst, wenn alle Gäste versorgt sind.

Schließlich sei noch darauf hingewiesen, dass man in Indien ohne Besteck isst. Nur die Hand benutzt man, auf recht geschickte Art übrigens, indem man mit den Fingern aus dem Reis kleine Bällchen formt und damit auch die übrigen Beilagen zu sich nimmt. Das alles darf nur mit der rechten Hand geschehen, denn die linke ist sanitären Zwecken vorbehalten.

Nun - was trinkt man? Die Inder nehmen meist gekühltes Wasser oder ein geschlagenes Buttermilchgetränk, den sogenannten Lassi. Dadurch wird übrigens auch die Schärfe von Chili gemildert.

Die Präsidentschaft war ein Amt, das mich mit neuen Anforderungen konfrontierte. Als Chefarzt hatte ich auch Verantwortung getragen, aber letztlich die alleinige Entscheidungsbefugnis gehabt.

Bei den Lions war das anders. Hier war ich Erster unter Gleichen. Das heißt: Es gab keine einsamen Entscheidungen. Immer musste die Mehrheit gewonnen werden, was sich manchmal als schwierig erwies.

Eine positive Bilanz konnte ich – trotz einer verkürzten Amtszeit wegen Ajays Tod im November – aufweisen. Am 17. August besuchten wir eine Ausstellung über Buddhisten, Jainas und Hindus im Rautenstrauch-Loest-Museum in Köln. Die Beteiligung war aber eher bescheiden, weil an jenem Tag Papst Benedikt XVI. Köln besuchte und Straßensperren befürchtet wurden. Wir hatten einen guten Führer, von dem auch ich viel Neues und Interessantes über die Geschichte der Hindugötter und den Buddhismus erfuhr.

Gerne erinnere ich mich an die Reise nach Görlitz im Mai 2006. Ich hatte eine Städtereise nach Dresden geplant. Leider musste die Reise wegen der achthundertjährigen Jubiläumsfeiern der Stadt nach Görlitz umdisponiert werden. Daher traten wir die Reise mit einer kleineren Gruppe an, als ursprünglich geplant. Das vereinfachte aber die Programmgestaltung und ermöglichte anregende und intensive Gespräche.

Görlitz ist eine wunderschön restaurierte alte Stadt, die mit Polen durch den Grenzfluss Neiße verbunden ist. Nach schönen, manchmal anstrengenden Besichtigungen und Führungen genossen wir es, in den zahlreichen Cafés und Restaurants zu verweilen. Über eine Brücke gelangt man in den polnischen Teil der Stadt. Sogleich verändert sich das Bild. Andere Laute dringen an das Ohr. An einem Tag fuhren wir mit einem gemieteten Bus nach Polen. Dort beeindruckten uns vor allem die Friedenskirchen von Schweidnitz und Jauer. Sie wurden 1648 – nach dem Dreißigjährigen Krieg – erbaut und dokukumentieren noch heute den Behauptungswillen der schlesischen Protestanten gegenüber der katholischen Gegenreformation. Die Kirche von Schweidnitz ist ein riesiger Fachwerkbau aus Holz und Lehm – ohne Glocke – und bietet ungefähr 7000 Menschen Platz.

In einem polnischen Restaurant hatte das Reisebüro ein Mittagessen vorbestellt, das uns eindringlich die Reichhaltigkeit der polnischen Küche zeigte. Wir konnten uns kaum noch rühren, nachdem wir Erbsensuppe, Braten mit Soße, Klöße, Bohnengemüse, Salat und Kuchen mit Sahne genossen hatten. Den Abschluss bildeten Wodka und ein tintenschwarzer Cappuccino, der nur mit Unmengen von Zucker und Milch genießbar war.

11. Kapitel

Indienreise 2007

Anfang Januar 2007 hatten wir – Jutta, Sunita, Michael und ich – die Möglichkeit, eine dreiwöchige Reise nach Nordindien zu unternehmen. Mir lag es besonders am Herzen, unseren Kindern die Schönheiten meiner Heimat zu zeigen. Ich wollte sie ein wenig mit meinen Wurzeln vertraut machen.

Zwei Wochen lang besuchten wir mit einer geführten Gruppe Nordindien: Neu Delhi, Varanasi (Benares), Khajurao, Agra, Jaipur, Udaipur sowie die Höhlen von Ellora und Ajanta. Der Norden ist besonders interessant, wegen der islamischen Denkmäler (Moscheen, Paläste, Forts und Grabmäler). Außerdem befinden sich in Rajasthan die herrlichen Palastanlagen der Maharajas mit ihren Kunstschätzen. Sie haben das Bild Indiens als Zentrum des märchenhaften Orients geprägt.

Bild 43: Sunita und Michael vor dem Taj Mahal

Bild 44: Jutta und Hasmukh vor dem Taj Mahal

Die Kinder waren tief beeindruckt von den architektonischen Schönheiten des Landes, aber auch bedrückt über die Armut und das Elend. Sunita war besonders berührt vom erbarmungswürdigen Zustand der frei umherlaufenden Tiere. Am liebsten hätte sie Hunde und Katzen eingesammelt und mit nachhause genommen.

Die letzte Woche verbrachten wir in Mumbai, bei meiner Schwester Usha und meiner Mutter. Meine Verwandten freuten sich, Sunita und Michael kennenzulernen. Sie nahmen sie mit offenen Armen auf. Mit zwei ungefähr gleichaltrigen Cousinen verstand sie sich besonders gut. Meine Mutter hatte Sunita jahrelang nicht mehr gesehen und kannte auch Michael nicht. Sie war sehr glücklich, beide in die Arme schließen zu können.

Mein jüngster Bruder und seine Frau Jyoti nahmen unseren Besuch zum Anlass, ihre jüngste Tochter mit ihrem zukünftigen Mann zu verloben. Das Wohnzimmer war gefüllt mit den engsten Familienangehörigen, die dem jungen Paar Glück wünschten. Jede Frau drückte ihnen einen roten Punkt (Bindi) auf die Stirn, wedelte ihnen mit einem Geldscheingeschenk um den Kopf und schob ihnen eine Süßigkeit in den Mund. Danach fand die eigentliche Zeremonie statt, bei der sich die jungen Leute gegenseitig die Ringe ansteckten. Die Feier setzte sich fort mit köstlichem Essen.

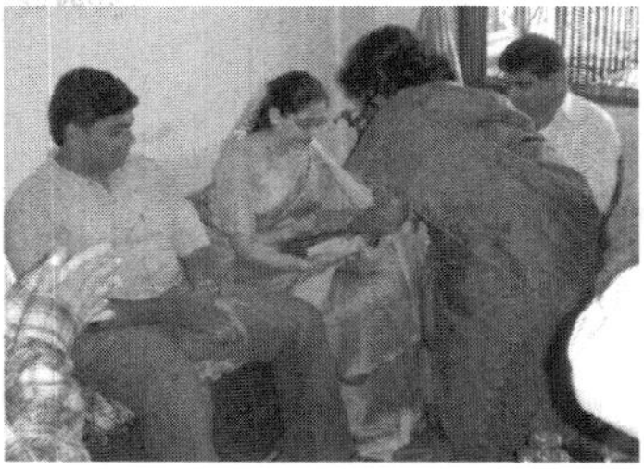

Bild 45: Karishmas Verlobung

Im Oktober 2007 erlebte ich – nach 44 Jahren – wieder Diwali in Indien. Das Fest wurde bei Verwandten gefeiert. Diwali ist als Lichterfest bekannt. An diesem Tag – so überliefert es die Hindu-Mythologie – kommt Lakshmi, die Göttin des Reichtums, zu allen Menschen auf der Erde. Deshalb sind alle Ecken und Eingänge der Häuser hell erleuchtet. Die Türen stehen weit offen, um sie einzulassen. Bodenmalereien vor dem Eingang sollen die Göttin einladen und ehren.

Bild 46: Diwalifeier

Alle wünschen sich Reichtum und Wohlergehen. Wenn die Sterne blinken und die Öldochte der Lämpchen flackern, versuchen Geschäftsleute und Händler auf ihre Weise, den Segen der Göttin zu erlangen. Sie schließen die alten Kontobücher und eröffnen neue. Geschenke werden ausgetauscht. Man zündet Öllampen an, um böse Geister zu vertreiben.

Diwali ist nach dem religiösen Mondkalender der Beginn eines neuen Jahres, also ein Neujahrsfest. Dazu gehört überall im Land das Krachen von Feuerwerkskörpern, der Geruch frisch getünchter Häuser oder Wohnungen, das Rascheln neuer Kleidung und der Genuss kulinarischer Köstlichkeiten.

Am 7. Dezember 2007 – noch während meines Aufenthaltes – heiratete Karishma, die sich zu Jahresanfang verlobt hatte. Ihr Bräutigam kam aus Poona.

Der Bräutigam soll gewöhnlich zu Pferde sowie in Begleitung seiner Familie und seiner Freunde kommen. In diesem Fall kam er mit zahlreichen Verwandten in zwei Bussen. Bei seiner Ankunft spielen die Musikanten ohne Pause – in bunten Gewändern und Turbanen – auf ihren Instrumenten.

Der Bräutigam hält ein Schwert in der Hand, das Symbol dafür, dass er sich die Braut nehmen wird, nachdem er ihre gesamte männliche Verwandtschaft besiegt hat. Mein Bruder und seine Frau Jyoti empfingen und umarmten den Bräutigam und führten ihn zu den Gästen. Alles schwatzte munter durcheinander, heiter und zufrieden. Im letzten Teil der Zeremonie ging das Paar siebenmal um das Feuer und war damit verheiratet.

In Europa liebt man sich erst und heiratet dann, in Indien ist es umgekehrt. Man heiratet erst und lernt dann im positiven Fall sich zu lieben. So ist es bei den arrangierten Hochzeiten, die – vor allem auf dem Lande – noch immer überwiegen. Meine Eltern und meine Brüder heirateten Partner und Partnerinnen, die ihre Eltern für sie ausgewählt hatten.

In Indien gilt als Ziel und Zweck der Ehe nicht das individuelle Glück, sondern die Erfüllung einer sozialen Pflicht. Durch Kinder soll das Fortleben der Familie gesichert werden. Die Alten sollen unterstützt und gepflegt werden, wenn sie nicht mehr für sich selbst sorgen können. Innerhalb der Ehe ist man in die Gemeinschaft eingebettet und hat darin seinen angemessenen Platz. Sie gewährt einen hohen sozialen Status. Sogenannte „Singles“ sind in der indischen Gesellschaft ziemlich verloren. Sie fühlen sich isoliert, vor allem dann, wenn sie älter werden. Das trifft besonders auf Frauen zu.

Ein Großteil der in der Stadt lebenden Frauen arbeitet inzwischen. Lehrerinnen, Ärztinnen, Rechtsanwältinnen, sogar Ingenieurinnen sind heute längst keine Seltenheit mehr. Ganz zu schweigen von den Frauen, die politisch tätig sind. Beruflicher Erfolg hebt das öffentliche Ansehen der Frau, vermehrt im Glücksfall den Respekt des Ehemannes für sie und knüpft die Familienbande noch fester. Gleichzeitig werden die Frauen mit Bildung auch finanziell unabhängiger und selbstbewusster. Sie lernen, ihre Freiheit zu schätzen. Sie distanzieren und trennen sich eher von ihrem Ehemann und seinen Angehörigen. Scheidungen – vor allem in den Großstädten – nehmen zu. Mädchen und junge Männer beginnen, sich ungebunden miteinander zu befreunden. Modernes, westlich gefärbtes Leben und Distanz zu den eigenen Tradtionen werden eher in den Großstädten als in den Dörfern gewagt. Dort ist die Welt – trotz Fernsehen, Video und Handy – noch weitgehend dieselbe wie vor 2000 Jahren.

Doch auch im Falle einer materiellen Unabhängigkeit und Eigenständigkeit der Frau wird vorausgesetzt, dass sie in der Ehe die Dienende ist. Im Westen klingt der Begriff des Dienens abwertend. Man sollte ihn aber nicht einseitig mit Unterwerfung und Unterwürfigkeit gleichsetzen. Wenn auf der Basis von Liebe und Achtung der Eine dem Anderen dient, so beinhaltet das ein hohes Ethos. Übrigens gilt nach alter Sitte die gleiche Forderung für Frauen **und** Männer. Bedauerlicherweise halten sich Viele, bevorzugt Männer, nicht daran.

Ich kehrte kurz vor Weihnachten 2007 - nach einer körperlich wie emotional anstrengenden Reise - nach Deutschland zurück.

12. Kapitel

Schwarzer Montag

Der 10. März 2008 war ein stürmischer Tag. Jutta war zu einer Beratung nach Aachen gefahren. Sie wollte um zwölf Uhr wieder zurück sein, weil sie zu diesem Termin eine Klientin bestellt hatte. Für den Fall, dass diese früher kam, sollte sie in ihrem Arbeitszimmer warten. Die Klientin erschien pünktlich. Die Zeit verging, aber Jutta kam nicht.

Um dreizehn Uhr – Jutta war noch immer nicht da – bat ich die Dame, nachhause zu fahren. Ich wurde immer nervöser und unruhiger. Ich wusste nicht, was ich tun sollte.

Dann kam ich auf die Idee, die Leitstelle in Simmerath anzurufen und dort nachzufragen, ob ein Unfall gemeldet sei. Der Beamte in der Leitstelle erklärte sich bereit, Erkundigungen einzuholen. Nach etwa 45 Minuten ergebnislosen Wartens rief ich erneut an.

Man verband mich telefonisch mit dem leitenden Notarzt. Er teilte mir mit, dass meine Frau einen sehr schweren Verkehrsunfall erlitten hatte und mit dem ADAC-Luftrettungs-Euro-Hubschrauber nach Köln-Merheim ins Krankenhaus verlegt worden war. Der Unfall ereignete sich auf dem belgischen Teilstück der B 258, zwischen Konzen und Fringshaus.

Der Unfallverursacher war mit einem zweiten Hubschrauber nach Bonn gebracht worden. Er starb dort etwa zwei Stunden später.

Der leitende Notarzt, der mich am Telefon weinen hörte, fragte, ob ich allein zuhause sei. Er versprach, sofort zu kommen. Wenige Minuten später stand er vor der Tür.

Inzwischen waren auch Nachbarn bei uns eingetroffen. Ich bat sie, unseren Schwiegersohn zu informieren und unsere Tochter abzuholen und nachhause zu bringen.

Bild 47: Das Auto nach dem Unfall

Eine halbe Stunde später traf eine Notfallseelsorgerin ein, um mir Trost und Mut zuzusprechen. Sie blieb fast eine Stunde. Nach zwei Stunden bat ich den Notarzt, in Köln-Merheim anzurufen, um Informationen über den Zustand meiner Frau einzuholen. Ich betete, dass sie kein Schädel-Hirn-Trauma erlitten hatte. Ein Stein fiel mir vom Herzen, als ich erfuhr, dass es tatsächlich nicht so war. Allerdings lagen schwerste, lebensbedrohliche Verletzungen vor. Die ganze linke Seite, von Kopf bis Fuß, war stark betroffen. Viele Operationen, Narkosen und Bluttransfusionen waren notwendig.

Mehrere Stunden hindurch wusste ich nicht, wie es ihr ging. Tausende Gedanken gingen mir durch den Kopf. Ich war nervös und unruhig, konnte mich nicht konzentrieren. Um 22.00 Uhr versuchte ich, im Fernsehen die Nachrichten zu gucken, war aber unfähig, etwas aufzunehmen. Der Vorstellung, dass meine Frau sterben könnte, folgten schreckliche Bilder unseres großen Hauses, das voll war von Büchern, Bildern, Kleidern und Möbeln. Ich wusste nicht, was ich im schlimmsten Fall mit ihnen machen sollte.

In der Nacht läutete das Telefon. Ich sprang aus dem Bett und griff nach dem Hörer. Der Oberarzt der Anästhesie-Abteilung Merheim war am anderen Ende und berichtete, meine Frau sei gerade aus dem Operationsraum auf die Intensivstation verlegt worden. Die Operationen seien so weit gut verlaufen. Sie habe aber sehr viel Blut verloren. Ich könne sofort, aber auch morgen früh kommen.

Da ich keine Ruhe fand und sie mit eigenen Augen sehen wollte, entschied ich mich, sofort hinzufahren. Sunita und Michael begleiteten mich. Es war 1.30 Uhr nachts. Es regnete in Strömen. Außerdem war es sehr windig. Als wir die Intensivstation betraten, war Jutta an den Monitor angeschlossen – mit einem Blutdruck von 75/50 und einem Puls von 40 Schlägen pro Minute. Gerade lief die 21. Blutkonserve. Beunruhigt beobachtete ich eine Viertelstunde lang die Kreislaufparameter. Dann sagte ich der Intensivschwester, diese Werte seien für mich nicht mehr tolerierbar. Da ich Intensivmediziner war, machte ich einen Behandlungsvorschlag, den sie mit dem diensttuenden Arzt abklären musste. Wenige Minuten später kam sie und spritzte – entsprechend meinem Vorschlag – Atropin intravenös. Kurz darauf stiegen Blutdruck und Puls meiner Frau wieder an. Der Kreislauf stabilisierte sich in den nächsten Stunden. Trotzdem war ihr Aussehen beängstigend. Ihr Gesicht war bis zur Unkenntlichkeit angeschwollen.

Kurz vor 6.30 Uhr fiel dann plötzlich der Blutdruck ab. Die Ärzte vermuteten, dass sie wegen der Milzentfernung nachblutete. Inzwischen lief die 24. Konserve. Sofort wurde eine Ultraschalluntersuchung des Bauches angeordnet. Eine Nachblutung wurde festgestellt. Sie musste unverzüglich neu operiert werden. Inzwischen waren vier Stunden vergangen. Wir mussten nachhause zurück. Sie bekam weiterhin Bluttransfusionen. Am Nachmittag rief mich der diensttuende Arzt an. Er teilte mir mit, dass die Operation gut verlaufen war. Sie war jetzt stabil, wurde in künstlichem Koma gehalten und beatmet. Wir fuhren täglich nach Köln.

Jeden Tag riefen Freunde, Verwandte und Bekannte an, die uns Trost, Kraft und Mut spendeten. Es folgten Briefe, Blumen und Karten von Freunden, Bekannten, Kollegen und Klienten meiner Frau.

Pfarrer Toni van Straeten aus Düren sandte mir ein Holzkreuz aus Bethlehem, das Jutta Kraft spenden sollte. Immer wenn ich bei ihr war, legte ich ihr das Kreuz auf Stirn und Herz – und schließlich unter ihr Kopfkissen. Ich glaube, es hat ihr geholfen.

Bild 48: Kreuz aus Bethlehem

Die Anfangstage waren kritisch. Es bestand Lebensgefahr. Die Ärzte konnten mir keine Sicherheit geben. Meine Frau lag 19 Tage auf der Intensivstation im künstlichen Koma und wurde 15 Tage maschinell beatmet. Insgesamt erhielt sie 44 Blutkonserven und wurde in dieser Zeit zwölf Mal operiert. Auf der Normalstation besserte sich ihr Gesundheitszustand allmählich. Sie lag allein in einem Zimmer, benötigte aber bei jedem Handgriff Hilfe. Aus diesem Grunde erlaubte der Stationsarzt, dass ich für zehn Tage bei ihr im Zimmer schlief. Ich konnte viel für sie tun. Meine Gegenwart gab ihr psychische Stabilität.

Es war ein Wunder, dass sie diese Katastrophe überlebte. Aber das Ende der Fahnenstange war noch nicht erreicht. Es folgten weitere Narkosen, Operationen und Massentransfusionen.

Im April 2008 – fünf Wochen später – wurde sie auf unseren Wunsch hin ins Malteserkrankenhaus nach Simmerath verlegt. Allerdings durfte sie wegen ihrer Fersenbrüche drei

Monate nicht aufstehen. Infolge der langen Immobilisation bekam sie Harnleitersteine und musste – zwecks deren Entfernung – in die Urologie Eschweiler verlegt werden.

Am 8. Juli 2008 hatte sie sich endlich so weit erholt, dass sie in die Reha nach Marmagen gebracht werden konnte. Nach zweieinhalb Wochen teilte sie mir telefonisch mit, dass sie in ihrer linken Brust einen Knoten entdeckt hatte. Natürlich wussten wir, was auf uns zukam und womit wir zu rechnen hatten.

Jutta brach die Reha ab und ging zur weiteren Diagnostik ins Marienhospital nach Aachen. Die Diagnose lautete: Mammacarcinom. Es folgten die brusterhaltende Operation und der Beginn der Chemotherapie.

Im September traten zunehmende Beschwerden im Bauchraum auf. Anfang Oktober musste sie notfallmäßig operiert werden. Es stellte sich heraus, dass nach der Milzentfernung schlimme Verwachsungen entstanden waren, die zu einem Darmverschluss geführt hatten. In diesen Tagen bangte ich mit Sunita und Michael wieder um Juttas Leben. Ich fürchtete, dass sie all das nicht packen würde. Aber sie überstand es. Sie ist eine Stehauffrau!

Ab November 2008 brachte sie ihre sechs Chemos relativ gut über die Bühne. Im April und Mai 2009 folgten dreißig Bestrahlungen.

Am 20. September 2009 stürzte sie – nicht zum ersten Mal. Aber dieses Mal mit schwereren Folgen als nur Prellungen und Blutergüssen. Sie brach sich das linke Handgelenk und den Oberschenkelhals samt Implantat.

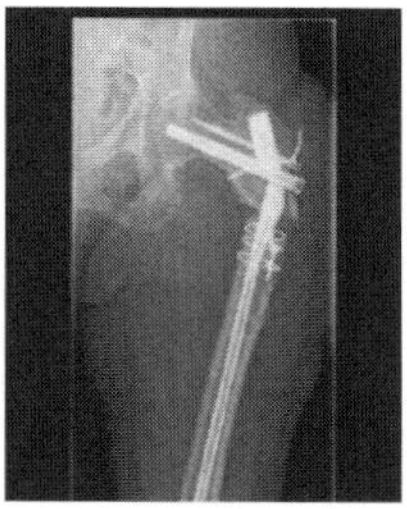

Bild 49: Röntgenbild Oberschenkelbruch

Das bedeutete eine erneute schwere Operation und eine anschließende Reha von vier Wochen.

Der schreckliche Einbruch des Unfalls in unser Leben zwang mich, mich meinen Ängsten zu stellen und all meine Kräfte zu mobilisieren. Ich musste lernen, mit meinen Befürchtungen von einer sehr ungewissen Zukunft umzugehen.

Der Unfall hatte aber nicht nur negative Auswirkungen. Ich konnte meiner Frau vermitteln, dass sie sich bedingungslos auf meine Treue verlassen konnte. Das Leid dieser Zeit hatte uns noch einmal sehr nah zueinander geführt.

Wir konnten es auch deshalb bewältigen, weil wir von Verwandten, Freunden, Bekannten, Mitarbeitern und Kollegen begleitet und ein Stück weit getragen wurden. Wir empfinden dafür tiefe Dankbarkeit.

Aus diesem Grund – und weil ich den Unfalltag als zweiten Geburtstag meiner Frau empfand – luden wir zu einer großen „Geburtstagsfeier" ein. Wir verbanden diese Feier mit einem Konzert klassisch-indischer Musik. Es spielten Stephanie Bosch, Partho Sarothy und Arup Sengupta.

Bild 50: Stephanie Bosch und Arup Sengupta

Bild 51: Partho Sarothy

Hier sind einige Auszüge der Rede meiner Frau:

Liebe Gäste, liebe Freunde,

ganz herzlich möchte ich Euch heute willkommen heißen. Ich freue mich sehr, dass Ihr Euch die Zeit genommen habt, und hoffe, dass Ihr es nicht bereuen werdet, gekommen zu sein ...

Ich will nicht zu genau auf die vergangenen 1 ½ Jahre zurückblicken, aber doch ein wenig ...

Eine solche Katastrophe hat natürlich im System Familie nicht nur auf den direkt Betroffenen, sondern auch auf die nächsten Angehörigen bedeutende Auswirkungen. In unserem Fall galt das für meinen Mann, unsere Tochter und unseren Schwiegersohn.

Eine der Schwierigkeiten ist der emotionale Umgang miteinander. Gefühle, vor allem, wenn es sogenannte „negative“

Gefühle sind, werden voreinander verborgen, um einander zu schonen und sich gegenseitig nicht zu entmutigen. So habe auch ich zu einem beträchtlichen Teil meine Ängste, Verzweiflung, Wut und Traurigkeit in mir versteckt, um die mir nächsten Menschen etwas weniger zu belasten. Und so hat es auch meine Familie gehalten. Es ist eine Gratwanderung, wie weit man sich in Schwierigkeiten nahestehenden Menschen zumutet und wann man sie ausschließt. Und es stellt sich die Frage: Was halten Angehörige aus? Wie gehen sie mit unerfreulichen Emotionen um? Wie reagieren sie auf unerwünscht negative Gefühle?

Mich hat es aggressiv gemacht, wenn manche begeistert über meine Fortschritte waren – zu Recht – und von mir Dankbarkeit, Freude und eine optimistische Einstellung erwarteten. Der Betroffene erlebt es als Bagatellisierung und Missachtung seines Leidens. Es ist eines der schlimmsten Dinge, die man ihm antun kann.

Ich selbst erlebte mich nämlich ganz anders: nicht als gerettet, sondern behindert, eingeschränkt, voller Schmerzen und Probleme, konfrontiert mit Verlusten, wie ich sie mir nicht hätte träumen lassen.

Glücklicherweise zeigten aber nur Wenige solche Reaktionen.

Und damit komme ich zu den positiven Erfahrungen. Denn wie wir alle wissen, hat auch das Schlimmste erfreuliche Seiten.

Eine der guten Seiten, die ich erfahren habe, war die Resonanz der Menschen um mich herum.

Da ist zunächst mein Mann. Er hat ohne Einschränkung als Arzt und als Partner zu mir gestanden. Er hat alles ihm Mögliche für mich getan, hat sich gesorgt, vielfältige Arbeit und

Mühen auf sich genommen. Ich habe gespürt, wie wichtig ich ihm bin, dass er mich lebend haben will und dass es für ihn keine Rolle spielt, dass ich jegliche Attraktivität verloren habe, 20 Jahre gealtert und zerstückelt bin. Ich weiß nicht, wie es mir ohne ihn ergangen wäre. Dann meine Tochter Sunita, die nach den schweren Abschieden von ihren Brüdern mit dem Tod ihrer Mutter rechnen und dann einen mühsamen, sogenannten Heilungsprozess mit ständigen Komplikationen und Zwischenfällen miterleben musste. Sie hat nie von ihren Ängsten gesprochen, um mich nicht zu belasten und war mir ständig liebevoll zugewandt.

Immer präsent war auch unser Schwiegersohn Michael. Wenn er gebraucht wurde, war er bereit, auf eher stille, niemals aufdringliche Art und Weise hilfsbereit und unterstützend. Es wäre verständlich gewesen, wenn ihm alles zu viel geworden wäre. Aber er hat nie ein langes Gesicht gezogen oder gemeckert.

Rührend war auch die Teilnahme des indischen Familienzweigs. Zwar sind alle weit entfernt, in England, Indien und Singapur. Aber sie haben fast täglich mit Hasmukh telefoniert und sich nach mir erkundigt. Sie haben sich gefreut, als es mir besser ging. Vor allem meine Schwiegermutter hat ganz viel für mich gebetet und Hasmukh Mut zugesprochen. Das war das Beste, was sie für uns tun konnte. Und zu unserer Freude ist unser „cousin-brother" für einige Tage aus England hergekommen.

Schließlich war ich überwältigt von all dem Erschrecken und aufrichtigen Mitgefühl, das uns entgegengebracht wurde: Von Freunden, Nachbarn, Bekannten, von Leitern, Mitarbeitern und Kollegen aus meinen Arbeitskreisen und denen meines

Mannes, aus meinen Supervisionsgruppen und von den Teilnehmern meiner Trauer- und Frauengruppen.

Sie schickten immer wieder Blumen, Briefe, Karten und Geschenke. Und nicht zuletzt gute Wünsche, Gedanken und Gebete. In dem Maße, wie ich kräftemäßig zu Kontakten fähig wurde, riefen sie mich an, besuchten mich, boten mir und uns auf unterschiedliche Weise praktische Hilfe an. Sie trösteten und ermutigten mich. Ich spürte deutlich ihre Betroffenheit. Und all das nicht vier Wochen lang, sondern seit 1 ½ Jahren.

Erst mit der Wiederkehr meiner Kräfte wurde mir bewusst, wie sehr dieses enge soziale Netz mich und uns durch die schrecklichen Monate getragen und gestützt hatte. Ich kann schwer in Worten ausdrücken, was es mir bedeutet und wie tief dankbar ich dafür bin. Es ist nicht selbstverständlich, sondern ein großes Geschenk. Euer Geschenk.

Meinen Worten schließen sich natürlich mein Mann und unsere Kinder an. Sie haben gespürt, dass auch sie mit den Problemen unseres schlagartig veränderten Lebens wahrgenommen werden.

Da ich nun mal beim Danken bin, möchte ich noch die kompetente medizinische, therapeutische und pflegerische Behandlung in den Krankenhäusern von Köln-Merheim, Simmerath, Eschweiler, Aachen und Marmagen erwähnen. Wenn nicht so fähige Fachleute an mir gearbeitet hätten, stünde ich bestimmt in einem sehr viel schlechteren Zustand vor Euch.

Ich weiß, dass ich in manchen Bereichen privilegiert bin und sozusagen auf hohem Niveau leide. Mir ist bewusst, dass zahlreiche Menschen weniger oder gar keinen Beistand, Unterstützung und Förderung genießen. Deshalb wollte ich keine Geschenke, sondern einen finanziellen Beitrag zu einem Hilfsprojekt für indische Straßenkinder. Informationen dar-

über findet Ihr in der Zeitung neben dem schwarzen Hut. In einem, von ihnen selbst gestalteten und aufgeführten, Theaterstück rufen diese Kinder ihrem Publikum zu: „Unser Leben und unsere Probleme interessieren Euch doch einen Scheißdreck." Ich glaube, das ist ehrlich und furchtbar. Und ich sage mir selbst: Viel tue ich nicht, aber wenigstens ein wenig. Und das ist jedenfalls besser als nichts. Danke also im Namen der Kinder für Euer Geschenk an sie.

Ihr erlebt heute ein Konzert klassischer indischer Musik, die vielen von Euch fremd sein wird. Wir erwarten nicht von Allen hemmungslose Begeisterung. Ein Inder würde in der Regel ohne Vorkenntnisse auch nicht hin und weg sein von Beethoven, Bach oder geistlicher Musik. Trotzdem glauben wir, dass es sich lohnt, solcher Musik mit den Instrumenten Flöte, Sarod und Tabla mal zuzuhören. Vielleicht ein erstes Kennenlernen und musikalisches Schnuppern. Wer sich davon angesprochen fühlt, kann sich dann immer noch selbst weiter informieren.

Ich selbst empfinde die Musik als sehr meditativ und beruhigend und kann ihr stundenlang zuhören. Für mich spiegelt sie ein nicht-lineares Lebensgefühl und Denken, das eher die Kreis- und Spiralbewegung spürbar macht als die gerade von einem Anfangspunkt zu einem Endpunkt strebende Linie.

13. Kapitel

„Greife lieber zur HB ...“

Die Psychologin und Unternehmensberaterin Brigitte Roser teilt die Menschen in mehrere Typen ein: *Perfektionisten, Helfer, Dynamiker, Künstler, Beobachter, Loyale, Genießer, Bosse und Vermittler.*

Über den „Dynamiker“ – als den ich mich in erster Linie einstufe – schreibt sie:

„Sie heißen so, weil der Herzschlag ihres Lebens Handeln ist. Das Ziel ihres Handelns ist Erfolg. Und: Erfolg ist der Maßstab. Dass es auch andere Maßstäbe geben könnte, ist schwer zu sehen.“ „Zupackend, pragmatisch und effizient, das ist der typische Dreiklang der Dynamiker. Sie heißen auch ‚die Macher‘. Sie sind die Meister des Ungefähren: Wichtig ist, dass etwas funktioniert. Aufwand und Nutzen sollen dabei in einem vernünftigen Verhältnis stehen.“

Wiederholt habe ich erwähnt, dass ich in meinem Leben wenig reflektiert, geschweige denn gegrübelt habe. In solche Prozesse einzutauchen, habe ich mich geweigert, weil mir dann schwierige Situationen noch komplizierter erschienen wären. Die Suche nach Handlungsmöglichkeiten war am naheliegendsten. Gewiss bin ich in manchen Krisen vor Einsicht und Selbstkritik geflüchtet und habe unbewusst Vermeidungstaktik betrieben. Gleichzeitig habe ich mich so in dunklen Stunden davor bewahrt, zu verzweifeln oder entmutigt zu sein. Es half mir, Kräfte zu sammeln, um durchzuhalten. Oft braucht es in Konfliktsituationen Geduld und einen langen Atem des Aushaltens, bis sich eine Lösung findet.

„Sie entscheiden gerne und schnell, bestimmen lieber, als über sich bestimmen zu lassen. Sie sind optimistisch, locker und selten um einen guten Spruch verlegen. Eine Pointe wird niemals ausgelassen. Sie strahlen Selbstvertrauen und Energie aus. Sie sind unterhaltsam und charmant. Alle Situationen werden als Chance betrachtet und bei Bedarf positiv umgedeutet. ‚Es ist die Pflicht zum Optimismus', so hat es ein Dynamiker formuliert und damit die Paradoxie auf den Punkt gebracht. Optimismus ist leicht und Pflicht ist eigentlich schwer. Diesen Widerspruch und die daraus resultierende Anstrengung mögen sie vielleicht spüren, Rücksicht nehmen sie darauf nicht. Sie wollen nicht ins allgemeine Jammern einstimmen, sie wollen Dinge vorantreiben. Sie konzentrieren sich auf das Lösen von Aufgaben, das Erreichen von Zielen und ansonsten darauf, die schönen Seiten des Lebens zu genießen. Der Blick nach innen oder das Lauschen auf Empfindungen liegt ihnen nicht.

‚Wozu soll das gut sein?', wäre eine typische Frage. Wenn sich doch einmal ein negatives Gefühl bemerkbar machen sollte, ist der Impuls sofort auf Handlung ausgerichtet - es kommt darauf an, die Situation zu optimieren, Gefühle halten nur auf.

Geschwindigkeit ist ein wichtiges Thema. Schnell sein, schnell ankommen, überholen, nicht lange warten müssen. Immer wieder fällt dem Dynamiker auf, wie schwerfällig und umständlich alle anderen Leute sind. Wie langsam der Autofahrer an der Ampel abfährt, wie langsam die Leute an der Theke ihre Entscheidung treffen, wie lange der Gesprächspartner überlegen muss, dabei hätte es eine knappe Antwort doch getan ... Sie können ihre Ungeduld schwer zügeln."

Meine Frau hat mich oft wegen dieser Ungeduld kritisiert. Sie steht der Computertechnik skeptisch gegenüber und hat im Umgang mit dem PC ihre Schwierigkeiten. Wenn sie nicht sogleich begriff, was mir sonnenklar war, fuhr ich schnell aus der Haut. Auch andere mussten mit meiner Ungeduld umgehen können. Ein Kollege gab mir in den achtziger Jahren den Titel „HB-Männchen“. Wer erinnert sich nicht an jene Zigarettenreklame, die den kleinen Mann kreierte, der bei jedem ärgerlichen Zwischenfall explodierte. Die Konsumempfehlung lautete: „Geh nicht immer in die Luft, greife lieber zur HB.“

Es gibt andere Beispiele. Auch bei unseren Kindern verlor ich leicht die Fassung, wenn sie nicht erwartungsgemäß schalteten oder verstanden, was ich erklärte. Meine Frau empfahl mir etwas boshaft, ich solle mir Roboter statt menschlicher Gegenüber suchen. Die würden per Tastendruck die gewünschte Reaktion zeigen. Und wenn nicht, könne man sie hemmungslos, ohne Konsequenzen, beschimpfen.

„Andere Menschen fühlen sich in ihrer Gegenwart oft gedrängt, gegen ihren Willen beschleunigt. Die enorme Tatkraft hat etwas Ansteckendes, aber manchmal auch Entmutigendes.“

„Dass sie anderen etwas aus der Hand nehmen, weil es dann schneller geht, kommt nicht immer gut an. Darauf angesprochen, sind Dynamiker leicht gekränkt. Schließlich sind sie doch nur hilfsbereit und umsichtig, sehen, wo etwas getan werden muss, und tun es einfach.“

Unser jüngster Sohn Ajay warf mir vor, ein überbehütender Vater zu sein und ihm Aufgaben aus der Hand zu nehmen, die er selbst lernen müsse. Als er auszog, verweigerte er mir jeden weiteren Einblick in seine Rechnungen, Konten und die Buchführung, obwohl ich ihm gerne dabei geholfen hätte. Er wollte selbständig und von den Eltern unabhängig sein.

Auch als er im Klinikum lag und erfuhr, dass ich ohne sein Wissen mit dem Arzt über ihn gesprochen hatte, war er empört. Er meinte, er sei alt genug, seine Belange eigenständig zu vertreten.

„Die große, frühe Bedingung, die man ihnen gestellt hatte, war: Sie müssen immer erfolgreich und etwas Besonderes sein."

Diese Forderung stellten meine Eltern – ausgesprochen und unausgesprochen – tatsächlich an mich. Sie wurde noch verstärkt durch meine Position des ersten und ältesten Sohnes. Der älteste Sohn hat in der patriarchalischen Kultur immer eine hervorragende Bedeutung: Er führt die Blutlinie des Vaters fort, er sichert die Kontinuität der väterlichen Familie, er sorgt für den Nachwuchs, er kümmert sich um die alten Eltern und übernimmt die Verantwortung innerhalb der Familie, wenn der Vater es nicht mehr kann.

„Auch wenn man das nicht so schnell bemerkt: Dynamiker sind so sensibel wie kaum ein anderes Zeichen, sie sind sehr schnell verletzt. Hinter Schlagfertigkeit und Parkettsicherheit verbergen sich Schüchternheit und die meist gut verpackte und weggelegte Erinnerung, sich oft beschämt gefühlt zu haben."

„Prägend war wohl das Wechselbad zwischen dem bewundernden Blick eines Elternteils: ‚Du bist der/die Schönste/Beste/Tollste!' und dem Absturz in die Beschämung, wenn das Kind etwas nicht gut konnte, krank war, nicht funktionierte, nicht schnell genug lernte, wenn ihm ein Missgeschick zustieß."

Genau so habe ich es erlebt:

Meine Mutter, die eine einfache Frau war, betete mich an. Deutlich wird das in ihrem ersten Brief an meine Frau. Sie schrieb: „Danke Gott jeden Tag, dass er Dir einen so klugen und liebevollen Mann zugeführt hat. Er ist unser Juwel." Mein Vater hingegen ließ keinen Fehler und keine Dummheit durchgehen, ohne sie kritisch zu kommentieren. Dann pflegte er zu sagen: „Wie kannst Du als Sohn eines Polizeiinspektors so naiv ... so unüberlegt ... so dumm ... so blamabel handeln!"

„Dynamiker sind zugleich diejenigen, die die Idee der schönen Kindheit besonders lange verteidigen. Sie wollen keine desillusionierenden Erkenntnisse aus traurigen Erinnerungen ziehen. ‚Was soll das bringen?'"

Vielleicht liegt darin einer der Gründe, weshalb ich kaum Kritik an meinen Eltern, meinen Angehörigen, meiner Erziehung geübt habe. Jutta fiel bald auf, dass ich nur positiv gefärbte Erinnerungen aus meiner Kindheit und Jugend hatte. Sie wurde misstrauisch. Sie vermutete Schönfärberei und Verdrängung. Tatsächlich hatte ich ihr manche Menschen und Zustände so strahlend beschrieben, dass ihre eigene Begegnung mit ihnen sie später schockierte.

Ich beschäftigte mich vor allem mit Gegenwart und Zukunft. Nur wenig beschäftigte ich mich mit dem, was hinter mir lag. Meine Frau konnte zunächst schwer verstehen, dass ich ihre kritischen Rückblicke – auch auf meine Vergangenheit – als unwesentlich vom Tisch wischte.

„Da sie sich nicht an die frühe Beschämung erinnern wollen, können sie schwer mit Misserfolg und Fehlern umgehen, neigen dazu, sie umzudeuten. Entweder war es in Wirklichkeit gar kein Misserfolg oder aber irgendjemand anders hatte Schuld."

Diese Aussage erinnert mich an die Jahre, in denen ich der Konfrontation mit mir selbst auswich. Wenn ich Kommunikationsprobleme hatte, wenn ich mich miss- und unverstanden fühlte, wenn mich bestimmte Verhaltensweisen kränkten oder ärgerten, beschwerte ich mich, als Inder nicht so ernst genommen zu werden wie ein Deutscher. Ich glaubte, dass ich auf subtile Art diskriminiert würde, dass sich nur Wenige bemühten, mich zu verstehen. Ich weigerte mich hartnäckig, die Gründe für das Verhalten anderer zunächst bei mir selbst zu suchen. Ich führte sie einseitig darauf zurück, dass ich Inder war. Die oft heftig diskutierte Ausländerproblematik lieferte mir hinreichende Begründung für meine Strategie.

„Die Begründung, mit der Dynamiker ihre eigene Entwicklung bremsen, lautet zunächst: Im Wesentlichen ist doch alles gut, so wie es ist. Ich komme doch gut mit mir selbst zurecht und bin erfolgreich. Wozu also nach innen und nach Problemen schauen? Wären Dynamiker tatsächlich im Frieden und Einklang mit sich, gäbe es allerdings keinen Grund für ihre große und mit Bedacht kaschierte Kränkbarkeit und ihre zwar selten geäußerten, aber leicht zu weckenden Selbstzweifel."

14. Kapitel

Leben zwischen zwei Kulturen

Integration ist zu einem Schlagwort geworden. Der Begriff ist in aller Munde. Ich habe mir darüber keine Gedanken gemacht, vor allem nicht in den ersten Jahren. Ich wollte ja keinesfalls in Deutschland bleiben. Nur für die Jahre des Studiums. Vielleicht wäre ich, wie viele Inder, anschließend nach England oder in die USA gegangen. Wäre da nicht meine Frau gewesen …

Da ich grundsätzlich sehr anpassungswillig und anpassungsfähig bin, habe ich mich auch entsprechend verhalten. Ich war höflich, freundlich und ehrlich, dazu gutgläubig bis zur Naivität. Außerdem war ich der Auffassung, jedermann meine es gut mit mir. Leider bin ich damit mehr als einmal hart auf die Nase gefallen. Es war unumgänglich, mir allmählich eine gewisse Portion Misstrauen anzueignen, aneignen zu müssen. Vor allem wollte ich nirgendwo anecken und niemanden vor den Kopf stoßen. Ich schämte mich, wenn ich etwas nicht wusste. Deshalb wagte ich in den ersten Jahren oft nicht nachzufragen, zum Beispiel, wie die Toilette zu benutzen war. Ich hatte Angst, mich zu blamieren.

Das Medium Sprache

Die Sprache zu erlernen war natürlich unumgänglich. Zum Entsetzen des Herrn Dr. Schwendler vom Ausländeramt setzte sich mein Wortschatz zu Beginn des Studiums allein aus den Ausdrücken „Bitte“, „Danke“ und „Guten Tag“ zusammen. Trotzdem wollte ich mich unbedingt sofort der Sprachprüfung unterziehen. Er prophezeite mir, dass ich es nicht schaffen würde. Selbstverständlich hatte er recht. Ich fiel mit Pauken und Trompeten durch. Anschließend musste ich sechs Monate lang den Sprachkurs an der Uni absolvieren.

Sprache war für mich immer Mittel zum Zweck. Sie interessierte mich nur, insofern sie das entscheidende Medium für den Erfolg meines Unternehmens war und deshalb beherrscht werden musste. Hemmungen, was das Reden anbelangt, kannte ich nicht. Radebrechen störte mich nicht. Über meine Fehler konnte ich nur lachen. Grammatik und Rechtschreibung zu verstehen, fiel mir hingegen schwer. Ich muss gestehen, dass ich kaum über die Feinheiten des sprachlichen Ausdrucks nachdachte. Geisteswissenschaften hätte ich mit dieser Einstellung nicht studieren können, aber im Fach Medizin gab es keine schriftlichen, sondern nur mündliche und praktische Prüfungen. Die Thematik verlangte fachgebundene und sachliche Wortwahl. Im privaten Umfeld kam es allerdings manchmal zu Missverständnissen und Auseinandersetzungen. Man redete aneinander vorbei. Ich fühlte mich schlecht verstanden, weil ich meine Standpunkte und Meinungen nicht differenziert genug erklären konnte. Das hat mir noch in den nachfolgenden Jahren geschadet. Es gibt bekanntlich Leute, die die Fähigkeit haben, ihr geringes Wissen so eindrucksvoll darzustellen, dass sie bei ihren Zuhörern beträchtliche Wirkung erzielen. Ich aber war nicht so wortgewandt. Ich glaube auch, dass ich deshalb oft unterschätzt worden bin. Zudem bin ich eher Praktiker als Theoretiker. Erst wenn man mich handelnd oder rein fachlich argumentierend erlebt, bringt man mir Respekt, bis hin zur Bewunderung, entgegen.

Im Kreis der Inder herrschte ein buntes Sprachengewirr. Jutta amüsierte sich immer wieder darüber, wie Englisch, Deutsch, Hindi, Marathi und Gujarati, je nach Bedarf, nebeneinander verwendet wurden, manchmal in einem einzigen Satz. Diese kreative Sprechpraxis ermöglichte ihr, Unterhaltungen in indischen Sprachen folgen zu können, da sie die englischen und deutschen Vokabeln darin sinnvoll kombinierte. Auf die gleiche Art verständigte sie sich später blendend mit meiner Mutter. Meine Mutter redete in Gujarati, mit englischen und deutschen Worteinschüben. Meine Frau sprach Englisch mit eingestreutem Hindi und Gujarati. Sie hatte dafür zwei Semester lang Sprachkurse belegt. Die beiden Frauen diskutierten so grundlegende Themen wie die Stellung der Frau in Indien und Deutschland, Kindererziehung, Fragen der ehelichen Partnerschaft und anderes mehr.

Indische Küche

Mit der Perspektive, irgendwann wieder in die Heimat zurückkehren zu können, überwand ich leichter die Phasen des Heimwehs. Ich gewöhnte mich, ohne es bewusst wahrzunehmen, an eine neue Lebensweise. Trotzdem war sie immer noch zu einem beträchtlichen Teil indisch geprägt, durch die enge Gemeinschaft mit indischen Studenten. Außerhalb der Vorlesungen und Übungen – also in unserer Freizeit – verbrachten wir viel Zeit miteinander: zu zweit, zu dritt, zu viert oder in größeren Gruppen. So unselbständig wir in unserer Heimat gewesen waren, so hausfraulich-tüchtig wurden wir nun. Da wir uns nach indischem Essen sehnten, blieb uns nichts anderes übrig, als selbst kochen zu lernen. Indische Restaurants waren schließlich teuer. In den Großstädten gab es nur wenige, in Bonn überhaupt keines. Wir trafen uns also in der Küche des Studentenwohnheims, kochten und aßen gemeinsam. Wir probierten es einfach aus und brachten wirklich schmackhafte Mahlzeiten zustande. Nach dem Essen hockten wir gemütlich beisammen, erzählten von zuhause, von unseren Plänen und unseren Problemen. Wir fühlten uns weniger allein, weil wir als Gleichgesinnte Erfahrungen austauschen konnten.

Das Essen spielt in Indien eine wichtige Rolle, ähnlich

wie in Frankreich und Belgien. Eine indische Frau verbringt den Großteil des Tages in der Küche. Mittags und abends wird warm gekocht, manchmal sogar am Morgen. Einladungen sind meist mit einem Essen verbunden. Dabei bedienen Frau und Töchter des Gastgebers die Gäste mit frisch zubereiteten Speisen. Meine Familie ernährte sich vegetarisch, nur mein Vater hatte sich unter englischem Einfluss zum Fleisch- und Fischgenuss verführen lassen.

Alle Gerichte werden mit frischgebackenen Brotfladen (Chapatis) gegessen. Reis und Dal (Hülsenfrüchte) schließen jede Mahlzeit ab. Sie gehören zu den Grundnahrungsmitteln der Inder.

Man isst mit den Händen, die man sich vorher und nachher wäscht. Das mag sich primitiv anhören, aber es ist nicht einfach. Man muss gewisse Kunstgriffe beherrschen, um sich nicht zu bekleckern und das Essen richtig in den Mund zu transportieren. Dagegen erschien es komplizierter, mit Messer und Gabel essen zu lernen. Es erschien auch verwirrend, auf einem festlich gedeckten Tisch so viele unterschiedliche Teller, Bestecke und Gläser vorzufinden, sowie sie unterscheiden und zuordnen zu müssen.

Die indische Küche ist reich an Gemüse- und Obstsorten, sowie selbstverständlich an Gewürzen. Gewürze mit ihren leuchtenden Farben und ihrem Duft vermitteln etwas vom Zauber des Orients. Man muss einen indischen Markt erlebt haben, mit seinem überwältigenden Angebot, seinen Farben und vielfältigen Gerüchen. Brennend scharf (hot) ist nur ein einziges Gewürz: nämlich grüner und roter Chili. In welchem Maße mild oder scharf gewürzt wird und welche Gewürze vorgeschmeckt werden, hängt individuell vom jeweiligen Koch ab. Natürlich ist es generell schärfer als in der deutschen Küche. Für einen Inder, der deutsche Speisen kennenlernt, schmecken diese zunächst einmal nach gar nichts.

Es dauert lange, bis seine Geschmacksnerven den Eigengeschmack von Spinat oder Blumenkohl entdecken und vielleicht sogar mögen.

Indisches Essen hat uns immer zufriedengestellt. Es hat zudem das Gefühl vermittelt, daheim zu sein. In fremden Städten entdecke ich mit Freude indische Restaurants. Wenn ich nach Indien fliege, freue ich mich auf die indische Küche. Wenn ich zurückkomme, ist mein Koffer vollgepackt mit indischen Köstlichkeiten. Auch im Ayurveda spielt bekanntlich die Ernährung eine wesentliche Rolle. Meine Frau lernte noch als Studentin, indisch zu kochen. Später erweiterte sie ihre Kenntnisse unter der Leitung meiner Mutter. Diese kochte während ihrer Aufenthalte bei uns fast immer. Oft kochte sie gemeinsam mit meiner Frau. Diese liebte indisches Essen vom ersten Tag an. Unsere Kinder mochten nur bestimmte Gerichte. Wir aßen sehr viel und oft indisch. Wir erfanden auch eigene Rezepte.

Lebensstile

Meine damalige Lebensform ließ mich den gravierenden Unterschied zwischen dem deutschen und dem indischen Lebensstil kaum erkennen. Je enger ich allerdings mit Deutschen in Berührung kam, umso deutlicher zeichneten sich die Fronten ab.

Der durchschnittliche Inder will nicht allein sein. Oft und lange allein zu sein, ist eine der härtesten Prüfungen, die man ihm zumuten kann. Auch wenn es nicht viel zu sagen gibt, man sitzt zusammen und spürt menschliche Nähe. Es ist wohl die Wärme der Herde, das Gefühl der Geborgenheit, des Dabeiseins, der Zugehörigkeit zu einer Gruppe.

Das enge räumliche Zusammenleben ist allerdings oft auch nicht freiwillig, sondern durch Armut und Wohnungsnot erzwungen. Daraus ergibt sich unter anderem, dass viel Wert auf gegenseitige Rücksichtnahme und Anpassungsfähigkeit gelegt werden muss. Man fördert nicht so sehr die Entwicklung individueller Bedürfnisse, sondern eher den Verzicht darauf. Im Vordergrund steht der Gemeinschaftssinn.

Ich wäre nie auf die Idee gekommen, stundenlang allein spazieren zu gehen, allein eine Ausstellung, einen Film, ein Konzert zu besuchen, allein in meinem Zimmer zu lesen oder Musik zu hören. Ich suchte immer Gesellschaft. Und doch habe ich nach und nach das Alleinsein schätzen gelernt. Vor allem dann, wenn ich mich konzentrieren wollte oder sehr erschöpft war. In Indien vermisste ich dann wiederum die Möglichkeit, sich fallen lassen und „Atem holen zu können“. Zeitweise nervte es mich sogar, dass pausenlos schwatzende Menschen um mich herum waren. In späteren Jahren – als unsere Kinder nicht mehr im Haus lebten und meine Frau wegen ihrer Tätigkeit häufig abwesend war – musste ich notgedrungen mit mir allein zurechtkommen. Ich habe es gelernt und kann inzwischen gut damit umgehen, aber es entspringt immer noch nicht einem ursprünglichen Bedürfnis.

Meine Mutter, eine leidensfähige Frau, sagte einmal in einem Gespräch: „Es gibt kaum etwas, das ich nicht ertragen könnte – außer: auf Dauer allein zu leben.“ Zu jener Zeit war sie schon mehrmals in Deutschland gewesen und hatte verwundert festgestellt, wie sehr meine Frau das gelegentliche Alleinsein brauchte. Während eines Aufenthalts meiner Eltern in Deutschland – auch meine vierzehnjährige Nichte Amita war mitgekommen – erkrankte meine Frau an einer Lungenentzündung. Auf ärztliche Anordnung musste sie drei Wochen im Bett verbringen. Mit Lesen, Musikhören und Schlafen den ganzen Tag ausgelastet, genoss sie die Zeit des Fürsichseins. Meine Eltern und Amita waren fassungslos. Immer wieder drängten sie mich, an Juttas Bett zu gehen, sie zu trösten und ihr Gesellschaft zu leisten. Sie konnten einfach nicht nachvollziehen, dass meine Frau sich glücklich schätzte, wenn sie Ruhe hatte – und Zeit für Bücher und Musik.

Zur gleichen Zeit musste auch Amita wegen Unpässlichkeit eine Woche lang das Bett hüten. Sie weigerte sich rigoros, auch nur länger als eine Stunde allein zu sein. Notgedrungen – um des lieben Friedens willen – wechselten sich meine Eltern an ihrem Bett ab. Beide atmeten erleichtert auf, als ihre Enkelin wieder gesund war.

Beziehungsstrukturen

Ein weiterer Unterschied zwischen der indischen und der deutschen Mentalität besteht in der Art der Beziehungen. Um es etwas zu verallgemeinern: Inder fühlen sich nicht für die soziale Armut und das Unrecht in der Welt verantwortlich, im Gegensatz zu den westlichen Menschen. Wohl aber fühlen sie sich für die Mitglieder ihrer Familie, für die Sippe und ihren Freundeskreis verantwortlich. Diese Beziehungen sind in jeder Hinsicht eng, bis hin zur Kontrolle und Verpflichtung. Jeder gibt alles für den anderen – manchmal unter moralischem Druck. Es ist gesellschaftlich unmöglich, sich zu entziehen. Oft ist es aber auch mit bewegender Opferbereitschaft und Selbstlosigkeit verbunden.

Ein Beispiel sollte erzählt werden: 1996 verunglückte meine Schwester mit ihrem Mann. Ein LKW-Fahrer fuhr frontal in ihr Auto. Mein Schwager war tot, Usha schwer verletzt. Monatelang wurde sie von ihrer Dienerin liebevoll gepflegt. Diese brachte ihr Essen ins Krankenhaus und besorgte alles, was sie brauchte. Als Usha dann wieder zuhause war, war sie auf Monate hinaus pflegebedürftig und hilflos. Die Dienerin wusch, bettete und fütterte sie. Sie kaufte ein, kochte und reinigte die Wohnung. Kein Angehöriger hätte sich aufopfernder um sie kümmern können.

Haus und Wohnung stehen Besuchern Tag und Nacht offen, wie eng oder unpassend es auch sein mag. Freunde, die von einer Feier kommen, sehen es als normal an, morgens um fünf Uhr jemanden wachzuläuten und sich auf diese Weise selbst zu einem netten Frühstück einzuladen. Meine Mutter berichtete von einem Schwager, der nach Mumbai zog und eines Tages mit seinen Habseligkeiten vor ihrer Wohnungstür stand, weil er kein Dach über dem Kopf hatte. Niemand wusste – er selbst am allerwenigsten –, wie lange er – natürlich auch finanziell – Gast der Familie sein würde. Die Wochen vergingen und selbst meine sanftmütige Mutter begann, zornig zu werden. Aber sie musste schweigen und freundlich bleiben. Es dauerte einige Monate, bis er endlich eine eigene Bleibe gefunden hatte und auszog. Eine solch unbedingte Solidarität bedeutet eine Basis an Sicherheit, die es ansonsten nicht gibt. Allerdings lädt sie auch zu Missbrauch ein. Es gibt genügend Menschen, die sich verantwortungslos darauf verlassen und die Hilfsbereitschaft sogar ausbeuten.

Meine Frau war in diesem Punkt viel kritischer als ich. Wir hatten unsere Diskussionen darüber. Zwar waren wir uns oft in der Sache einig, aber sie überwand sich leichter zu einem klaren Wort als ich.

Von meinem Vater war uns der Sohn eines Bekannten, der als Ingenieurstudent nach Deutschland fliegen wollte, ans Herz gelegt worden. Wir luden ihn zum Essen ein. Obwohl meine Frau gekocht hatte, würdigte er sie kaum eines Blickes. Er war Brahmane und man spürte deutlich, dass er es schon als eine gnädige Herablassung empfand, von uns zubereitetes Essen anzunehmen. „Danke“ oder „Bitte“ sagte er ohnehin nicht. Aber es schien ihm bei uns zu gefallen. Er lud sich häufig bei uns ein und nahm selbstverständlich unsere volle Gastfreundschaft in Anspruch – ohne aber jemals auf die Idee zu kommen, seinerseits ein wenig mit beizusteuern, außer seiner Gesellschaft natürlich. Weihnachten stand vor der Tür und er hatte sich wieder für einige Tage angemeldet. Jutta war wütend. Sie wollte ihm bei seinem nächsten Erscheinen die ungeschminkte Wahrheit sagen. Wir wissen bis heute nicht, was geschehen war, ob jemand ihm die Augen geöffnet oder er eine innere Umkehr vollzogen hatte. Jedenfalls stand er mit einem riesigen Blumenstrauß vor uns und war wie verwandelt. Er half beim Tischdecken und Abräumen, trocknete das Geschirr ab, lobte das Essen und bedankte sich für jede Aufmerksamkeit. Er fragte von nun an immer, ob es uns recht sei, dass er käme. Auch im Gespräch zeigte er sich jetzt sehr viel entgegenkommender und offener. Er wurde ein Freund, mit dem wir immer in Kontakt blieben. Für uns war das eine umwerfende Erfahrung.

Auch mein Vater nahm eine eher fordernde Haltung ein, nachdem ich Arzt geworden war und Geld verdiente. Er bat – allerdings in einer Form, die Ablehnung ausschloss – immer öfter um „Geschenke“, bevorzugt technische Geräte, die damals in Indien gar nicht oder nur schwer zu bekommen waren. Er kündigte sein Kommen an, ohne uns zu fragen. Er ging in meinem Namen Verpflichtungen für durch- oder anreisende Inder ein. Allerdings änderte er seine Einstellung in dem Maße, wie er an unserem Leben teilnahm und erkannte, dass hier andere Sitten herrschten. Meine Eltern erlebten mit, wie hart wir arbeiteten. Das Geld wartete eben nicht auf der Bank, um abgeholt und verteilt zu werden. Das Leben ist teuer. Mein Vater fing daher an, sich zu bescheiden und zurückzunehmen.

Inder, die zum ersten Mal in den Westen kommen, empfinden die Menschen hier zunächst als distanziert, kontaktarm, abweisend, kalt und unmenschlich. Umgekehrt fühlen sich manche Deutsche wohl von der indischen Gastfreundschaft und Hilfsbereitschaft erdrückt und in die Ecke gedrängt.

Hierarchie

Die indische Gesellschaft ist – sowohl im privaten als auch öffentlichen Bereich – streng hierarchisch gegliedert. Das wird besonders deutlich im Verhältnis von Alter und Jugend, Eltern und Kindern, in der Reihenfolge der Geschwister, in der Stellung von Mann und Frau, in der Beziehung beruflich Unter- und Übergeordneter. Jeder steht auf seinem Platz. Von dort aus kann er immer noch auf gewisse Leute herab und zu anderen hinauf schauen. Das drückt sich auch in der Körpersprache aus: Man übersieht bestimmte Menschen, um sich vor anderen zu verbeugen oder sogar aus Respekt ihre Füße zu berühren.

Die indische Gesellschaft ist patriarchalisch. Wir haben nicht – wie Deutschland – zwei Weltkriege und Diktaturen erlebt. Auch die Rebellion der 68er gegen alte Autoritäten hat in Indien nicht stattgefunden.

Vereinfacht ausgedrückt: Ich war streng autoritär erzogen und kam dann unvorbereitet in antiautoritäre Strukturen. Mit meiner Einstellung stieß ich in Deutschland teilweise auf positive Resonanz, teilweise fand ich mich in problematischen Situationen wieder.

1981 bewarb sich bei mir ein älterer Anästhesist um die Stelle als Oberarzt. Er war zuvor Leiter einer selbständigen Abteilung im Klinikum gewesen und hatte dort auch wissenschaftlich gearbeitet. Die Abteilung wurde umstrukturiert. Er musste sich neu orientieren. Gemäß meinem Weltbild hätte er mein Vorgesetzter sein müssen. Nun sollte ich sein Chef werden? Das Problem bereitete mir schlaflose Nächte. Ich beleuchtete es von allen Seiten, auch mit meiner Frau. Endlich sprach ich ihn selbst darauf an. Er sah darin offensichtlich kein Problem. Die spätere Zusammenarbeit erwies sich als durchaus erfolgreich.

Unsere Kinder waren nicht indisch erzogen worden. Sunita kam allerdings der indischen Vorstellung eines Mädchens sehr nahe. Sie war friedfertig. Ihre Ziele setzte sie eher diplomatisch und auf Umwegen durch, als in der offenen Auseinandersetzung. Anders waren die beiden Jungen, ganz besonders, als sie in die Pubertät kamen und erwachsen wurden. Wenn ihnen etwas nicht gefiel, widersprachen sie laut und heftig. Sie ordneten sich nicht meinen Wünschen unter, sondern beharrten auf ihrer Meinung. Sie begannen zu diskutieren. Das Argument, ich sei älter, erfahrener und schließlich ihr Vater, fanden sie eher amüsant. Ich vermisste Gehorsam und Unterordnung. Stattdessen musste ich lernen, mich gleichberechtigt mit ihnen auseinanderzusetzen. Es war ein emotionaler Sturz vom Thron!

Schwer fiel es mir auch, meiner Schwiegermutter Grenzen zu setzen. Sie war eine unbekümmert dominante Frau, bar jeglichen Minderwertigkeitsgefühls. Eine grenzenlose Hilfsbereitschaft zeichnete sie aus. Ich brachte es nicht fertig, sie abzuweisen. Dies geschah nur, wenn ich wütend war. Meine Frau sprach dagegen offen Probleme an, um mich und die Kinder zu schützen. In der Regel fand sie Lösungen und Kompromisse.

Einige Werte deckten sich in beiden Kulturen allerdings. So gab es im Bereich der beruflichen Arbeit keine Zweifel bezüglich des Heilungsauftrags, der Achtung vor dem Leben, des Respekts vor der Würde des Kranken, der Achtung vor den Mitarbeitern sowie der Kollegialität. Auch im privaten Lebensraum entsprach meine grundsätzliche Orientierung an Werten wie Ehrlichkeit, Zuverlässigkeit, Beständigkeit, Fairness und Anstand in zwischenmenschlichen Beziehungen sowie bei Aufgaben und Pflichten durchaus derjenigen meiner Frau und meiner Freunde.

Identität

Noch immer fühle ich mich in erster Linie als Inder. In den ersten Jahren stellte ich mir diesbezüglich überhaupt keine Fragen. Ich war Gast und wusste, dass ich dieses Land wieder verlassen würde. Mit der Absicht, eine Deutsche zu heiraten, veränderte sich allerdings so manches. Nun ging es nicht mehr nur um höfliche Anpassung, sondern um unverrückbare Standpunkte, die hinterfragt werden mussten: die Verpflichtung gegenüber den Eltern, die Nähe und Distanz unter Angehörigen und Freunden, gesellschaftliche Pflichten, religiöse Entscheidungen und vieles mehr. Wir waren uns in ethischen und partnerschaftlichen Grundfragen zumeist einig. Trotzdem war meine Frau in vielen Dingen kritischer und individueller orientiert. Sie hatte natürlich auch eine andere Freiheit erlebt als ich. Viele Unterschiede in Lebensgefühl und Lebensstil kristallisierten sich erst im Laufe der Zeit heraus. Teils tolerierten wir uns, teils fanden wir Kompromisse, teils akzeptierten wir ein Problem als unlösbar – zeitweise zähneknirschend. Wie sehr ich mich in meiner traditionellen Denkweise veränderte, wurde mir durch die Indienbesuche der folgenden Jahre und die langen Gespräche mit meinen Eltern über Mentalitätsunterschiede bewusst. Ich nahm Indien mit anderen Augen wahr. Sobald ich mein Heimatland betrat, stachen mir die Armut und die sozialen Missstände – die mir früher nie aufgefallen waren – ins Auge. Aber ich sah auch mit Bewunderung und Stolz auf die Schätze Indiens: die Liebenswürdigkeit der Menschen, die Schönheit in allen Formen der Kunst und vieles mehr. Meinen Geschwistern, den Angehörigen und Freunden brachte ich Deutschland in Form von Filmen und Fotos näher. Sie verstanden die Verhaltensweisen, Reaktionen und Entscheidungen, die ich getroffen hatte, überhaupt nicht. Sie hatten ein Bild des Westens im

Kopf, das sich an amerikanischen Filmen orientierte. Meine Erklärungsversuche machten mir auch selbst manches klarer und bewusster, was ich intuitiv oder emotional getan hatte. Höchst spannend waren die Gespräche und Diskussionen über Gemeinsamkeiten und Unterschiede zwischen indischer und deutscher Lebensart, wenn meine Eltern zu Besuch waren. Jeder von uns sah sich mit dem Fremden konfrontiert und bemühte sich, damit umzugehen und es in das eigene – vorher so selbstverständliche – Weltbild einzuordnen. Überhaupt ging es bei gesellschaftlichen Zusammenkünften häufig um diese Thematik, die sich ja anbot.

Manchmal fühlte ich mich in Deutschland fremd und sogar bedroht. Das geschah immer dann, wenn in den Medien die „Ausländerproblematik" thematisiert wurde. Im Osten Deutschlands machten oft die Neonazis negative Schlagzeilen. Es war vom Erstarken der Rechten die Rede. Da fühlte ich mich auch persönlich ge- und betroffen. Ich wäre damals nicht nach Ostdeutschland gereist, aus Angst, auf der Straße angegriffen zu werden. In jenen Jahren hatte ich den Plan gefasst, nach meiner Pensionierung in Indien eine Wohnung zu kaufen und zumindest die Hälfte des Jahres wieder dort zu leben. Dabei ging es mir auch darum, dem Winter zu entgehen. Ich mochte Schnee und Kälte nicht. Ich ertrug es schon nicht, wenn die ersten Flocken fielen. Andererseits wollte ich mich auch nie in die Sonne legen. Wenn es heiß wird, zieht sich ein Inder oft in den Schatten zurück.

Es zog mich auch immer wieder zu meiner Familie. Dort fand ich Wärme, Geborgenheit und Anerkennung. Diese wurden mir hier so überschwänglich nicht entgegengebracht. Wenn ich Indien besuchte, wurde ich zumeist verwöhnt und bewundert. Zuhause, bei Frau und Kindern, trafen mich dagegen auch kritische Blicke. Ich verstand wohl, welchen Unterschied es ausmacht, ob man einmal jährlich zu Besuch kommt oder den Alltag mit all seinen Belastungen aushalten muss. Hätte ich auf Dauer in Indien gelebt, wäre mir das „Paradies" bald verloren gegangen.

Dennoch, anfangs fiel es mir jedes Mal schwer, nach nur einmonatigem Aufenthalt den Wechsel von dort nach hier zu vollziehen. Wochenlang erzählte ich von meinen Erlebnissen. Ich aß bevorzugt indisches Essen und hörte ausnahmslos indische Musik. Ich fürchtete, dass ich im Alter einsam sein würde. Wer – außer meiner Frau und meinen Kindern – würde noch für mich da sein? Inzwischen habe ich es anders erfahren. Durch schwere Schicksalsschläge habe ich erkannt, dass Freundschaft auch im Westen eine tiefe Bedeutung hat. Damals habe ich mir das so nicht vorstellen können.

Ich fühlte mich Indien verpflichtet. Dabei spielten vielleicht gewisse Schuldgefühle eine Rolle. Ich war ja gewissermaßen untreu geworden und hatte den Westen gewählt, statt meine Pflichten gegenüber meinem Land zu erfüllen. Ich hatte bereits die deutsche Staatsbürgerschaft erworben. Das hinderte mich allerdings nicht daran, dass ich mich vor allem in späteren Jahren als Repräsentant meines Landes sah. Ich durfte Indien keine Schande machen, im Gegenteil, ich musste mein Land verteidigen. Mein Erfolg war auch Indiens Erfolg. Wenn ich versagte, dann schadete dies dem Prestige Indiens. Ich identifizierte mich mit Indien. Wenn die Zustände in Indien kritisiert und angeprangert wurden, fühlte ich mich zur Verteidigung und Rechtfertigung meines Herkunftslandes aufgerufen. Ich reagierte aggressiv auf kritische Medienäußerungen und fühlte mich persönlich angegriffen. Gängige Vorurteile sind zwar verständlich, aber wenn man sich persönlich betroffen fühlt, dann ärgern sie einen. So ging es mir auch mit der „heiligen Kuh". Wie oft wurde sie mir unter die Nase gerieben. Wie oft habe ich es erklärt und richtiggestellt. Näheres kann man in jedem Buch über Indien nachlesen. Ich will hier nur eines erwähnen: Viele wissen nicht, dass die Klärung schon bei den Begriffen beginnt. „Heiligkeit" in der christlichen, islamischen und hinduistischen Theologie beinhaltet Unterschiedliches. Wenn wir sagen, etwas sei heilig, dann besagt das zunächst, dass man Ehrfurcht und Achtung davor einnehmen sollte. Es muss aber nicht von einer hohen transzendenten Qualität sein, wie im Christentum.

Negative individuelle Erfahrungen als Ausländer habe ich kaum gemacht. Das hängt vermutlich damit zusammen, dass Inder in Deutschland nicht massenhaft auftreten, sondern nur in kleinen Gruppen. Außerdem sind sie zumeist Studenten, also werdende Akademiker. Inder genossen allgemein einen guten Ruf, anders als etwa Jugoslawen oder Türken.

Mein einziges unerfreuliches Erlebnis ereignete sich während des Karnevals. 1970 wurde ich von einem Kollegen zu einer Sitzung in Rheinbach eingeladen. Er gehörte einem Karnevalsverein an und trug die Narrenkappe. Während der Feier setzte er sie mir scherzhaft auf, um zu zeigen, dass er mich als zugehörig betrachtete. Sogleich riss mir ein anderer „Narr" die Kappe vom Kopf. Er beschimpfte mich lauthals und fragte, wie ich es als Ausländer wagen könnte, diese Kappe aufzusetzen und sie zu entweihen. Ich war schockiert und deprimiert. Auf der Stelle verließ ich den Saal.

Es gab Zeiten, in denen ich das Gefühl hatte, zwischen allen Stühlen zu sitzen. Ich war kein richtiger Inder mehr, aber auch kein richtiger Deutscher. Ich war weder Fisch noch Fleisch. Wie würde man solch eine Befindlichkeit definieren? Identitätsstörung? Auf der Suche nach neuer Identität?

Inzwischen kann ich sagen, dass ich Inder und Deutscher bin. Oder Inder mit deutschem Einschlag. Oder Deutscher mit indischen Wurzeln. Oder noch immer auf der Suche nach meiner Identität, ohne jemals anzukommen.

In einem Leben zwischen zwei Welten bieten sich keine einfachen Lösungen an. Man geht durch Zeiten und Situationen, wo man sich provoziert fühlt. Man muss Unsicherheit, Konflikte und Schwierigkeiten aushalten und verarbeiten. Letztlich aber beinhaltet es Reichtum und Vielfalt. Der eigene Lebensraum weitet sich aus.

15. Kapitel

Mein Mann ist Inder und Arzt

Im Jahre 1965 – nach meinem ersten Semester in Bonn – unternahm ich mit einer Gruppe eine vierwöchige Reise in den Mittleren Osten. Ich lernte Ägypten, Syrien, Jordanien, den Libanon und Israel kennen. Es war meine erste Begegnung mit dem Orient. Ich war so fasziniert und begeistert, dass ich in Erwägung zog, nach dem Studium für längere Zeit als Lehrerin an eine deutsche Schule in Jerusalem zu gehen.

Fremde Kulturen und Menschen haben mich immer angezogen. Ich war sogar bereit, mich auf Freundschaften und Liebesbeziehungen einzulassen. So kam es auch im Februar 1966 zu der Bekanntschaft mit meinem späteren Mann. Er studierte damals in Bonn Medizin.

Ich hatte zuvor einige Enttäuschungen mit Männern erlebt und verspürte keinerlei Lust, Ähnliches erneut mitzumachen. Inzwischen wusste ich, welche Enttäuschungen mit attraktiver Erscheinung, Geld und gewandtem Auftreten verbunden sein konnten, wenn sie nicht mit menschlichen Werten gekoppelt waren. Meine Großmutter pflegte zu sagen: „Von einer schönen Schüssel allein wird man nicht satt."

Hasmukh entsprach nicht meinem Schönheitsideal. Aber ich empfand ihn von Anfang an als ehrlich, offen und vertrauenswürdig. Er hatte nichts Schillerndes an sich, aber erschien mir sehr geradlinig. Wenn er etwas sagte, meinte er es auch, ohne Wenn und Aber. Wenn er etwas versprach oder sich darauf festlegte, konnte man sich auf ihn verlassen. Meine Intuition des frühen Eindrucks hatte mich nicht getäuscht. Sie hat sich in den kommenden Jahren und während unseres langen, gemeinsamen Lebens immer wieder als richtig erwiesen. Als Hasmukhs hervorragende menschliche Eigenschaften würde ich auch heute noch Ehrlichkeit, Treue und Zuverlässigkeit nennen.

Da wir beide in Bonn studierten, sahen und trafen wir uns sehr oft. Neben dem Studium – er studierte Medizin, ich Französisch und Geschichte – verbrachten wir bald unsere gesamte Freizeit miteinander. Er führte mich in seinen großen Bekannten- und Freundeskreis ein, wo ich sofort herzlich aufgenommen wurde. Bald kam ich nur noch zum Schlafen nachhause.

Durch ihn und seine indischen Freunde lernte ich natürlich die indische Lebensart kennen, von der ich sehr angetan war. Indisches Essen liebte ich vom ersten Bissen an. Bald begann ich, selbst zu kochen. Mein erstes, selbst hergestelltes Gericht setzte ich einer Freundin im Studentenwohnheim vor. Sie musste jeden Bissen mit Wasser nachspülen. Tränen strömten aus ihren Augen. Ihre Nase lief. Nachdem sie ihren Teller aus Höflichkeit geleert hatte, schnappte sie nur noch nach Luft. Sie verzichtete gern auf einen Nachschlag. Es war wohl offensichtlich: Ich hatte nicht an Chili gespart.

Da Hasmukh außergewöhnlich anpassungsfähig war, erlebte ich ihn zunächst nicht auffällig un-deutsch. Auch als Paar empfand ich uns nicht extrem gegensätzlich. Natürlich waren wir unterschiedlich in unseren Interessen und Neigungen, aber ich interpretierte diese Unterschiede nicht als kulturell bedingt. Daher wies ich das Argument zurück, er würde in Indien ganz anders auftreten als in Deutschland. Es war unwahrscheinlich, dass er dort gewissermaßen eine Mutation zu einem mir fremden Mann durchmachen würde.

Unsere erste gemeinsame Indienreise wurde für mich aber zu einem traumatischen Erlebnis. Hasmukh wollte unbedingt den Wunsch seines Vaters erfüllen und zur Hochzeit seiner Schwester kommen. Ich war zu diesem Zeitpunkt nur widerwillig bereit zu reisen, da mein Examen bevorstand. Auch die sonstigen Umstände sprachen nicht für diesen Zeitpunkt. Es war die heißeste Zeit des Jahres in einer Großstadt mit hoher Luftfeuchtigkeit. Der Monsun stand bevor. Eine indische Hochzeit wurde mit hunderten Gästen gefeiert, denen ich allen vorgestellt werden sollte.

Vier Wochen lang war ich keine Minute allein. Ich wurde – wie ich es trotz aller Liebenswürdigkeit empfand – auf dem Präsentierteller herumgereicht und begutachtet. Eines Morgens erwachte ich mit Kreislaufproblemen und Kopfschmerzen im Schlafzimmer meiner Schwiegereltern. Ich setzte mich mühsam im Bett auf und stellte entsetzt fest, dass auf dem Fußboden um mich herum etwa zehn fremde indische Frauen saßen, die mich lächelnd beobachteten und offensichtlich über mich sprachen. Ein großer Teil der Nachbarschaft hatte wohl nicht abwarten können, mich kennenzulernen.

Alle, mit denen ich ins Gespräch kam, fragten mich, ob mir Indien gefalle. Ich war unfähig, darauf zu antworten, denn ich fühlte mich zutiefst betroffen und geschockt von den extremen Gegensätzen jener Kultur und Gesellschaft. Elend und Reichtum, Hässlichkeit und Schönheit, Abstoßendes und Anziehendes breiteten sich vor meinen Augen aus. Indien war eine fremdartige und faszinierende Welt, mit der ich mich nun auseinandersetzen musste. Obwohl unbekannt und unvertraut, war das Land bereits ein Teil meines Lebens, da mein gewählter Partner Inder war.

Noch heute tut es mir leid, dass mein Mann mich in einem so labilen und zerrissenen Zustand aushalten musste. Er hat es klaglos getan, ohne vorwurfsvoll oder aggressiv zu reagieren.

Nach meinem ersten Indienaufenthalt 1968 habe ich mich 25 Jahre lang geweigert, wieder dorthin zu reisen. Mein Mann flog allein zu Besuchen dorthin. Meine Schwiegereltern besuchten uns hingegen häufig. Ich habe mich in all den Jahren intensiv mit indischer Lebensweise, Religion, Philosophie und Kunst auseinandergesetzt. Natürlich betraf mich auch der indische Einfluss in den alltäglichen Beziehungen der Partnerschaft sowie in Familie und Freundschaft. Mancherlei Ängste sind im Laufe der Zeit gegenstandslos geworden. Sie haben sich aufgelöst. Ich habe meine Eindrücke und Empfindungen sortiert und geordnet.

Anhand zahlreicher Gespräche mit Deutschen über Indien wurde mir zunehmend klar, wie sehr ich mir Aspekte der indischen Kultur zu Eigen gemacht und verinnerlicht hatte. Indien ist zu einer Quelle seelisch-geistigen Reichtums in meinem Leben geworden. Das schließt nicht aus, dass ich viele Phänomene mit kritischem bis ablehnendem Blick betrachte.

„Indien“ ist ein häufiges Diskussionsthema zwischen meinem Mann und mir. Manchmal streiten wir heftig. Er fühlt sich zur Verteidigung seiner Heimat aufgerufen, wenn ich mehr oder weniger aggressiv Kritik übe. Manchmal sind wir uns einig in der Begeisterung. Manchmal sind wir gemeinsam traurig über Armut und Missstände.

Erst spät – vor allem in den letzten zwanzig Jahren – habe ich erkannt, wie sehr mein Mann indischen Vorstellungen und Weltanschauungen verhaftet ist, dass die indische Kultur andauernd seine Reaktionen, Gefühle und Urteile prägt. Daneben beobachte ich aber auch, dass er sich inzwischen durchaus in Empfindungen, Entscheidungen und Handlungen von anderen Indern unterscheidet, die den Westen nicht kennen. Das Leben mit Deutschen und in Deutschland ist nicht spurlos an ihm vorübergegangen. Er hat vieles davon aufgenommen.

Nie hat er das klischeehafte Bild des Inders verkörpert, das früher in meinem Kopf herumspukte: große, schlanke Statur mit Adlernase, asketisch und spirituell ausgerichtet, materielle Werte verachtend. Im Gegenteil, er steht mit beiden Beinen fest auf dem Boden der Realität, hat viel Sinn für materielle und wirtschaftliche Annehmlichkeiten, genießt gutes Essen und gute Getränke. Man kann ihn als Genussmenschen bezeichnen.

Er war und ist ein – wie man sagt – treusorgender Ehemann und Familienvater. Sein Gefühl für Verantwortung ist stark ausgeprägt. Seine ethischen Maßstäbe orientieren sich weitgehend an Traditionen – und zwar an solchen, die er in seiner Stammfamilie erlebt hat. Freiheit und ausufernden Individualismus in Beziehungen wie sozialen Strukturen lehnt er ab. Er steht für Bindungsfähigkeit und Einfügung in die Gemeinschaft.

Mit Leib und Seele und vollem Engagement war er Arzt. Der Beruf stand im Mittelpunkt seines Lebens und seiner Aufmerksamkeit. Ohne viele Worte darüber zu verlieren, verlangte er von mir und den Kindern Rücksichtnahme gegenüber seinen beruflichen Pflichten.

Es war selbstverständlich, dass wir auf Zuwendung und Zeit mit ihm bisweilen verzichten mussten, was uns sehr schwer fiel. Ich hätte mir mehr Freiraum für die Familie gewünscht. Gleichzeitig verstand ich, dass er unzufrieden und unglücklich gewesen wäre, wenn ich versucht hätte, ihn in seiner beruflichen Entfaltung zu bevormunden. Ich hätte nicht nur ihm, sondern uns allen damit geschadet. Außerdem teilte ich seine Auffassung. Was immer man tut, man sollte es nach bestem Gewissen so gut wie möglich tun. Glücklicherweise konnte ich schon immer sehr gut allein sein, ohne mich zu langweilen. Ich schätze keine symbiotischen Beziehungen, wo man jeden Schritt nur zu zweit macht. Wichtig war und ist mir, dass ich meinem Mann vertrauen kann, auch wenn wir nicht zusammen sind.

Seit Hasmukh die Chefarztstelle angenommen hatte, arbeitete ich zuhause als seine Sekretärin. Wir ergänzten uns gut. Er war für den Inhalt, ich für Sprache und Form verantwortlich. Dass ich in meinem Studium gelernt hatte, wissenschaftlich zu arbeiten, erwies sich für seine zahlreichen Veröffentlichungen als hilfreich. Ich bekam einen intensiven Einblick in seine beruflichen Fragestellungen und Verständnis für berufsbezogene Probleme. Unzählige Stunden hindurch haben wir zusammengearbeitet. Es entstand eine weitere Ebene der Gemeinsamkeit.

Da Hasmukh wusste, dass ich in unserer Ehe oft meine Interessen zugunsten seines Berufs zurückgestellt hatte, zeigte er nach Anil's Tod Verständnis dafür, dass ich mich aus den familiären Pflichten löste und allmählich einen eigenen Arbeitsbereich aufbaute. Für einen traditionsbewussten Inder war das nicht selbstverständlich. Er kannte es so, dass eine Ehefrau und Mutter sich bedingungs- und klaglos den Wünschen der Familie anpasste.

Ich habe einen Inder geheiratet. Wie sehr damit auch seine Kultur in meinem Leben Raum gewann, wurde mir erst allmählich bewusst. Hasmukh hat eine Deutsche geheiratet. Er lebt mit ihr in Deutschland. Auch sein Leben und seine Identität sind dadurch tiefgehend beeinflusst worden.

Heute wird sehr viel von Integration gesprochen. Aber nur in der persönlichen Begegnung, wo man sich für die fremde

Welt eines anderen Menschen öffnet, findet eine Annäherung statt.

Wenn man fremde Anteile sinnvoll in die eigene Welt eingliedert, vollzieht sich eine Erweiterung und Bereicherung der eigenen Identität. So funktioniert Integration.

Jutta Bhate 15. April 2010

16. Kapitel
Abschlussbetrachtung eines Freundes

Atmen Sie bitte tief durch und machen Sie die Augen auf. Diese beruhigenden Worte von Hasmukh Bhate begleiteten mich seit fast 25 Jahren bei unseren Operationen. Beruhigend für uns, weil die Operation gut verlaufen ist. Beruhigend für die Patientin, weil sie ihre normalen Körperfunktionen wiedererlangt hat.

Unsere Zusammenarbeit begann im Herbst 1983, nach der Übernahme meiner Chefarzttätigkeit im St.-Brigida-Krankenhaus Simmerath. Unser erstes Zusammentreffen gestaltete sich etwas skurril. Ich war anfangs nur vertretungsweise für den damaligen Oberarzt tätig. Eines Abends musste ich meinen ersten Kaiserschnitt in Simmerath durchführen, ohne zuvor den Kolleginnen und Kollegen der Anästhesieabteilung und dem OP-Personal vorgestellt worden zu sein. Wir trafen uns im Aufenthaltsraum der Anästhesie und machten uns bekannt. Wir hatten beide das sichere Gefühl, dass wir uns aufeinander verlassen konnten. Bhate nahm eine Periduralanästhesie vor, wie sie in Simmerath seit Jahren üblich war. Ich war auf eine Intubationsnarkose eingestellt, wie ich sie aus Köln kannte. Da die Patientin noch nicht schlief, wollte ich mit der Operation noch nicht beginnen. Mittels einiger Augenkontakte machte mir Hasmukh klar, dass eine regionale Betäubung bestand. Ich führte in Ruhe den geplanten Kaiserschnitt durch. Mutter und Kind, Operateur und Anästhesist waren nach der Operation wohlauf.

In den folgenden Jahren wurde ich – dank der guten Ergebnisse der Periduralanästhesie bei Kaiserschnitten – ein starker Befürworter dieser Methode. Ich wollte den Müttern ein, wenn auch eingeschränktes, Geburtserlebnis ermöglichen. Meine Begeisterung für diese Methode wurde dokumentiert in Beiträgen der Fachzeitschriften und in Referaten.

Hasmukh hat sich als einer der ersten Ärzte für den Einsatz der Periduralanästhesie bei Kaiserschnitten eingesetzt. Seine Mitarbeiter hat er dafür motiviert und weitergebildet. Zahlreiche wissenschaftliche Arbeiten über die PDA – mit den von ihm inaugurierten technischen Verbesserungen – hat er verfasst. Erfolgreiche Eifeler Symposien hat er, unter Einbeziehung hochkarätiger Fachreferenten, veranstaltet.

Die Geburtshilfe im Krankenhaus Simmerath verdankt Hasmukh Bhate aufgrund der frühzeitigen Einführung rückenmarksnaher Verfahren ihren Aufschwung und ihre Akzeptanz in der Bevölkerung. Später konnten auch die Väter bei Kaiserschnitten dabei sein. So wurde eine familienfreundliche Geburtshilfe gewährleistet. Sicherlich ist auch der Anstieg der Kaiserschnittfrequenz teilweise auf die zunehmende Möglichkeit der Regionalanästhesie zurückzuführen:

Die Mütter haben weniger Angst vor der Operation. Sie erholen sich postoperativ schneller. Die Kinder sind lebensfrischer und auch die Operateure stehen nicht unter starkem Zeitdruck, was besonders bei Voroperationen von Müttern wesentlich für die Vermeidung von möglichen Komplikationen ist.

Die Erwartungen, die der Geburtshelfer an den Anästhesisten richtet, nämlich Kompetenz, Kooperation, Kollegialität und „Kunden"-Orientierung wurden in einer jahrelangen, vertrauensvollen Zusammenarbeit erfüllt. Die Erwartung wurde selbst bei einer 24-Stunden-Rufbereitschaft für den Kreißsaal und bei den gynäkologischen Operationen erfüllt. Hasmukh Bhate zeigte bei lang andauernden gynäkologischen Eingriffen Geduld und fachlich fundierte Gelassenheit. Er übertrug seine Ruhe auf die Operateure. Die postoperative Schmerzbehandlung durch Medikamente und menschliche Zuwendung lag ihm sehr am Herzen. Als Schmerztherapeut war er ein gesuchter Konsiliarius für alle Abteilungen des Hauses.

Aus Kollegialität entwickelte sich bald eine persönliche Freundschaft, die auf die Familien übertragen wurde und in guten wie in schweren Tagen Bestand hatte – und auch weiterhin hat. Meine erste Einladung zum Abendessen erhielt ich von Jutta und Hasmukh bei Noch-Abwesenheit meiner Familie. In familiärer Atmosphäre, mit indischem Anklang und italienischen Weinen, fühlte ich mich in Simmerath auch menschlich akzeptiert. Darüber hinaus waren wir schon nach kurzer Zeit freundschaftlich verbunden, als Mitglieder der Casino-Gesellschaft in Monschau und später als Lions Freunde im Lionsclub Monschau. Unvergessen sind auch die regelmäßigen Abende im Hause von Dr. Funken – zum autogenen Training und anschließend zu sehr persönlichen Gesprächen.

Die Freundschaft geht aber nicht so weit, dass ich noch einmal mit Hasmukh ein Zweibettzimmer teilen werde. Bei einer Krankenhaustagung in Nettetal wurde uns einmal ein Zweibettzimmer zugewiesen. Hasmukh leidet an einer, mir zuvor nicht bekannten, Schlafapnoestörung mit – von mir subjektiv gefühlten – ausgedehnten apnoischen Phasen. Jedes Mal, wenn ich in der Nacht zur Reanimation aufspringen wollte, erfolgte doch wieder ein tiefer Atemzug, der mich beruhigte – bis es zur nächsten Apnoephase kam. An Schlaf war nicht zu denken. Ich bewundere Jutta für ihre jahrelange, klaglose Toleranz oder einfach ihre Gewöhnung an dieses Phänomen. In großer Loyalität und Solidarität unterstützte mich Hasmukh nach meiner Berufung zum ärztlichen Direktor. Dabei hatte auch ich immer Respekt vor der Meinung des älteren Kollegen, zumal klar war, dass die Übertragung des Amtes „Ärztlicher Direktor“ an Hasmukh aus konfessionellen Erwägungen des katholischen Trägers nicht erfolgte.

Neben der hohen fachlichen Kompetenz als Anästhesist lag Hasmukh besonders die Harmonie unter den Chefarztkollegen und Abteilungen am Herzen. Vier chirurgische und drei gynäkologische Chefärzte erlebte er während seiner Tätigkeit. Mit ihnen gab es eine friktionsfreie, enge Zusammenarbeit.

Für sein anästhesiologisches und intensivmedizinisches Team fühlte Hasmukh sich auch menschlich verantwortlich. Er unterstützte es in allen persönlichen Angelegenheiten, z.B. bei Promotionen, bei wissenschaftlichen Veröffentlichungen, sogar bei Schallplattenaufnahmen und familiären Herausforderungen. Dass die Mitarbeiter ihm – und damit dem Krankenhaus – über lange Jahre die Treue hielten, zeigt seine große emotionale und soziale Kompetenz.

Dass in Indien Karneval gefeiert wird, bezweifle ich. Aber es gibt sicherlich Feste mit fröhlichem Hintergrund, die Hasmukh in seiner Jugend miterlebt und mitgestaltet hat.

Nach der Einwanderung in das närrische Rheinland hat Hasmukh als Immigrant rasch Gefallen am Karneval gefunden und das muntere Treiben nicht nur fatalistisch hingenommen.

Ich habe ihn schon 1984 als routinierten Jecken erlebt.

Bis dahin musste er bereits reichliche Erfahrungen am Fastelabend – vermutlich als Student in Bonn und sicherlich mit Unterstützung und theoretischer Einführung durch Jutta – gesammelt haben. Wie auch immer, Hasmukh war vom Karnevalsvirus infiziert. Es war eine Infektion der angenehmeren Art für einen Mediziner-

Mit seinem Humor und seiner natürlichen Fröhlichkeit war Hasmukh ein aktiver Teilnehmer an den jährlichen Karnevalssitzungen des Krankenhauses. Er brillierte als Büttenredner, als Sänger – textsicher auch bei kölschen Liedern – oder Tänzer in der Tradition indischer Schlangenbeschwörer. Er versetzte die Jeckenschar in Begeisterung. Alaaf konnte er von Helau unterscheiden. Er erwies sich so als Insider der lokalen Gebräuche. Für die Krankenhausmitarbeiter war es eine besondere Freude, den Chefarzt einmal im Kostüm oder in der Bütt zu erleben. Das Zusammengehörigkeitsgefühl wurde so wesentlich vertieft.

Kurz und gut: Mit seinem humorvollen Einsatz zeigte Hasmukh, dass er auch in der fünften Jahreszeit in Deutschland angekommen war und die rheinische Lebensart in ihrem – zu mindestens für den Rheinländer – wesentlichsten Teil verinnerlicht hatte.

Als Vollblutintensivmediziner zeigte sich Hasmukh auch, als er selbst Herzinfarktpatient im Klinikum Aachen war. Er unternahm, unter Hintanstellung seiner eigenen Gefährdung, die Reanimation seines von einem Herzstillstand betroffenen Zimmernachbarn. Einen Dank von der Klinikleitung bekam er dafür allerdings nicht.

Mich hat immer erfreut, dass Hasmukh mir auch Statistiken

liefern konnte, z.B. über Geburtenzahlen, Kaiserschnittfrequenzen und gynäkologische Operationen. Diese Statistiken waren ein probates Hilfsmittel bei den jährlich anstehenden Budget- und Investitionsverhandlungen mit der kaufmännischen Krankenhausleitung. Hasmukh freundete sich immer mit den neuesten Techniken im Informationswesen an, mit Computern ebenso wie mit Telekommunikationsmitteln. Er war der erste im Krankenhaus, der ein Mobiltelefon benutzte, damals noch mit einer imposanten Apparatur im Kofferraum. Er sorgte immer dafür, dass seine Abteilung auf dem neuesten Stand der Technik blieb.

Nach seinem altersbedingten Ausscheiden aus dem Krankenhaus blieb Hasmukh seiner Abteilung weiterhin emotional verbunden. Manche Strukturveränderungen konnte er zwar nachvollziehen, aber nicht verstehen. Schließlich war doch erst einige Jahre zuvor eine qualitativ hochgerüstete Intensivstation neu eingerichtet worden, in der auch Menschlichkeit und Nähe möglich waren. Bezüglich seiner Nachfolge im Intensivbereich hat Hasmukh persönlich die Weichen gestellt.

Dank und Anerkennung möchte ich Hasmukh für seine Lebensleistung aussprechen. Manchmal höre ich heute noch im OP seine Stimme: „Nun schlafen Sie schön ein." Später dann wieder: „Atmen Sie bitte tief durch, machen Sie die Augen auf."

Jene Worte, die ich zu Hasmukhs Abschied geäußert habe, möchte ich hier abschließend wiederholen: „Für alle warst Du ein freundlicher Kollege, für mich ein kollegialer Freund."

Dr. Hartmut Wiechmann
Simmerath 2010

17. Kapitel

Fazit

In Deutschland habe ich entscheidende berufliche und private Erfahrungen gemacht. Das Studium mit seinen Examina, die weitere ärztliche Ausbildung mit langjähriger beruflicher Tätigkeit, die Heirat mit einer Deutschen, der Aufbau einer Familie und eines Freundeskreises, die Geburten und Tode unserer Kinder – all das hat mich tief in den deutschen Kultur- und Sozialbereich hineinwachsen lassen. Ich habe nicht isoliert, sondern in intensivem Austausch mit meiner Umgebung gelebt.

Letztlich waren es einzelne Menschen, die durch ihren besonderen Einfluss meinen Lebensweg geprägt haben. Zu ihnen gehört zunächst meine Frau. Nach anfänglicher totaler Harmonie musste ich aber erfahren, dass Jutta nichts unter den Teppich kehrte. Missverständnisse sowie gegensätzliche Auffassungen und Zweifel benannte sie offen. Sie wollte sie immer ausdiskutieren und klären. So etwas kannte ich überhaupt nicht. Ich fand es höchst unbequem. Aber sie ließ mir keine Wahl. Dieser Umgang mit Konflikten setzte sich fort. Sie wollte meine Ansichten begründet sehen und verstehen können. Erst dann war sie zu Kompromissen bereit. Sie hinterfragte Einstellungen, die ich als indiskutabel hätte stehen lassen. Manchmal war sie „ein Stachel in meinem Fleisch“. Nach hartnäckigem Widerstand ließ ich mich schließlich auf manche ihrer Fragestellungen ein. Sie war mir schließlich wichtig und ich verstand, dass diese – für mich neue – Art des Umgangs mit Problemen eine Qualität darstellte. Mit einer Inderin an meiner Seite hätte ich mich womöglich ganz anders entwickelt.

Ich nenne sie hier an zweiter Stelle. Jedermann weiß aber, dass man die ersten und tiefsten Prägungen durch die eigenen Eltern erfährt. Ihr Einfluss mag im Laufe der Zeit blasser werden, aber er verschwindet nie.

Meine Eltern haben mir vorgelebt, dass „Familie“ einer der höchsten Werte ist. Man muss ihn schützen und erhalten. Familienbande lassen sich nicht lösen, auch wenn Angehörige Schwierigkeiten und Konflikte verursachen. Schwache darf man nicht fallen lassen. Die Pflicht erfordert, sie wirtschaftlich wie finanziell mitzutragen oder sogar mitzuschleppen. Die Verantwortung für Nahestehende kann nicht abgestreift werden, wenn sie zur Last wird. Diese beispielhafte Einstellung meiner Eltern habe ich ohne Wenn und Aber übernommen. Ich stehe auch heute noch dazu.

Beruflich prägend für meine Zukunft war Herr Dr. Freiberger. Er bot mir eine Oberarztstelle an. Ich arbeitete bei ihm von März 1974 bis Dezember 1977. Da ich auch sein Vertreter während des Urlaubs und im Krankheitsfall war, musste ich mich gut mit seiner Arbeitsweise auskennen. Ich erhielt wichtige Einblicke und Überblicke, wie man als Leiter eine Anästhesieabteilung und Intensivstation aufbaut und organisiert. Größten Wert legte er auf wissenschaftliche Arbeit, Dokumentation und Statistik. Für meinen Geschmack hätte es ab und zu etwas weniger davon sein können. Aber grundsätzlich teilte ich seine Auffassung von der Gewichtung der Arbeit und übernahm vieles später selbst. Beeindruckt hat mich, dass er fair, ehrlich und anständig mit Kollegen und Patienten umging.

Wenn ich mir Situationen vergegenwärtige, in denen ich am Wendepunkt stand, dann erscheinen insbesondere zwei vor meinem inneren Auge.

Beim ersten Mal ging es um das Angebot aus Simmerath.

Schon vorher war ich zu der Erkenntnis gelangt, dass die Oberarztstelle in Mechernich eine gute Perspektive war. Ich wollte mich nicht um eine leitende Stelle bewerben. Daher hatten wir uns auch zum Hausbau in Kommern entschlossen. Mit dem Anruf von Dr. Schwonzen wurde die Thematik noch einmal neu aufgerollt. Ich entschloss mich also für die Chefarztstelle in Simmerath.

Ein zweites Mal wurden die Weichen infolge des Herzinfarkts und der anschließenden Operation neu gestellt. Ohne diesen Einschnitt hätte ich vermutlich weiter gearbeitet bis zum Umfallen, vielleicht über neue Karriereschritte nachgedacht, mich aber nicht für die Altersteilzeit entschieden. Der Infarkt hat mich erbarmungslos mit meiner körperlichen Schwäche und der Begrenztheit meiner Kräfte konfrontiert. Solch einen Zustand hatte ich bisher nicht gekannt.

Jedem Leser wird klar sein, wie sehr meine Arbeit im Mittelpunkt meines Lebens stand. Sie war kein Job, sondern Berufung und Lebensaufgabe. Sie befriedigte auch meinen persönlichen Ehrgeiz. Unser Privatleben musste zurückstehen. Meine Frau hat das verstanden, sich darauf eingestellt und mir den Rücken frei gehalten.

Den Schwerpunkt im Beruf zu sehen, hieß aber nicht, die Familie gering zu schätzen. Ich habe mich stets bemüht, sie finanziell und emotional nach Kräften zu versorgen. Sie war und ist der Boden, auf dem ich stehe und mich entwickeln konnte.

Von meinen indischen Wurzeln her kommt die Überzeugung, dass traditionelle Werte, wie religiöser Glaube, Familie und Gemeinschaft, einen stabilisierenden Rahmen für Beziehungen bilden. Außerdem werden sie gestützt durch Pflichtgefühl, Zuverlässigkeit, Toleranz und Einfühlungsbereitschaft. Diese Werte finde ich auch in der westlichen Moral.

Ich bin überzeugt, dass man an Träume glauben und niemals aufgeben sollte. So habe auch ich meinen Traum Wirklichkeit werden lassen und bin Arzt geworden.

Bei Indern, die Europa nicht kannten, traf ich die Vorstellung an, Deutschland sei eine Art Schlaraffenland, wo man sich bloß mit aufgehaltener Hand unter einen Baum setzen müsse, um die Früchte, beziehungsweise Geld und Erfolg, zu ernten. Mir ist nichts in den Schoß gefallen. Hoffnung und Wünsche ohne Anstrengung und Aktivität führen zu keinerlei Erfolg. Ich habe viele Schwierigkeiten ertragen, hart gearbeitet und gekämpft. Geholfen hat mir die Tatsache, dass ich nie wirklich an meinen Plänen zweifelte oder resignierte. Von Zielen, die ich mir ernsthaft setzte, vermochte mich nichts abzubringen.

Damit behaupte ich nicht, mein Erfolg sei nur meine Leistung gewesen. Hilfreich war auch die Unterstützung durch meine Eltern, meine Frau und eine Reihe von Menschen, die mir zur Seite standen.

Letztendlich kam auch Glück hinzu. Vielleicht nicht einmal nur glücklicher Zufall, sondern die Hilfe Gottes. Daran glaube ich.

Nachtrag

Am Freitag, dem 30. Juli 2010, wurden bei meiner Frau, anlässlich einer Ultraschalluntersuchung, mehrere Metastasen in der Leber festgestellt. Die Sicherheit der Diagnose wurde mit 99% bewertet. Für weitere Untersuchungen wurden Termine festgelegt.

Meiner Frau und mir war nun bewusst, dass es nicht mehr um Heilung, sondern um Lebensverlängerung und Aufrechterhaltung der Lebensqualität gehen konnte. Sie erklärt überzeugend, dass sie den Tod nicht fürchtet. Sie sieht die Art der Krankheit und die Möglichkeiten, die ihr noch bleiben, als eine Chance des Abschieds und der Vorbereitung. Sie fürchtet Schmerzen, nicht aber zunehmende Schwäche.

Zwei Tage nach der Diagnose saß meine Frau im Garten. Ganz plötzlich fiel ihr ein Traum ein, den sie vor drei Jahren geträumt hatte. Damals hatte er sie intensiv beschäftigt. Sie bearbeitete ihn selbst nach Gestaltkriterien, um ihn besser verstehen zu können. Dann schrieb sie ihn auf. In ihr damaliges Leben konnte sie ihn allerdings nicht einordnen und vergaß ihn im Laufe der Zeit. Nun traf es sie wie ein Schlag. Er spiegelte genau die medizinische und emotionale Situation wider, in der sie sich seit drei Tagen befand.

Ich möchte diesen Traum und seine Bearbeitung – ohne jeden weiteren Kommentar – dem Buchinhalt hinzufügen.

DER TRAUM

Ich überprüfe in unserem Haus die Fußböden wegen der geplanten Reparaturen. Das Haus steht nämlich im Sumpf. In den Räumen – im Keller, aber auch im Wohnbereich – sind die Böden durchnässt. Das Wasser durchdringt quasi das Fundament. Es dringt auch an den Ecken heraus. Die Durchfeuchtung verstärkt sich durch die starke Bodenbelastung. Sunita und ihre Freundinnen haben oft wild herumgetanzt. Auch dadurch ist die Festigkeit des Bodens strapaziert worden. All das soll repariert und geflickt werden. Es scheint noch möglich zu sein.

Ich bin mit jemandem im Keller. Da ist ein Mosaikboden. Ich stelle fest, dass er sich in der Mitte senkt. Der gesamte Boden ist mit Wasser vollgesogen. In der Mitte sackt er ein. Wenn man drauf tritt, sinkt man ein. Ich zeige es dem Mann, der neben mir steht. Es ist ganz klar. Es gibt nichts mehr zu reparieren. Das Haus hat kein festes Fundament mehr. Es wird früher oder später ins Moor sinken, in sich zusammenfallen.

Ich glaube, es wäre nur zu retten, wenn es mit einem Kran herausgezogen und an einen anderen Ort verlegt würde. Aber das wäre viel zu teuer. Außerdem liegen die Wände vielleicht schon schief. Die Statik stimmt nicht mehr. So hätten Transport und Neuaufbau auch keinen Sinn mehr. Oder man müsste das Mobiliar wegtransportieren. Aber das ist so mühsam und beschwerlich, außerdem viel zu teuer. Hätte es überhaupt einen Sinn? Wäre es nicht bloß Flickwerk? Ich kann es kaum realisieren und erkenne doch die Wahrheit: Unser Haus wird ins Venn sinken und untergehen.

Bearbeitung des Traums durch die gestalttherapeutische Methode der Identifizierung des Träumers mit den Traumanteilen.

DAS VENN

Ich bin das Venn. Ich bin unergründlich tief – wie das Meer, nur nicht flüssig. Meine Konsistenz liegt zwischen fest und flüssig. Ich scheine einen festen Boden zu bieten, aber das täuscht. Wenn jemand sich auf diese Illusion verlässt und mich betritt, so sinkt er ein.

Einfältig ist es, ein Haus auf mir zu bauen. Das ist so, als würde man es auf Sand setzen. Früher oder später fällt das Gebäude in sich zusammen.

In mir liegt viel verborgen. Man könnte auch sagen, in gewisser Hinsicht bin ich ein Friedhof. In mir sind Menschen und Tiere versunken. Sie haben in mir ihr Grab gefunden. Ein natürliches Grab. Ich umhülle und berge sie. Sie gehen in mir auf. Niemand weiß, wo sie genau liegen, es sei denn, die Stelle des Versinkens wäre markiert worden. Aus mir geht neues Leben hervor. Pflanzen, Bäume und Blumen blühen aus meinem Boden.

Ich umschließe auch das sinkende Haus. Ich bin kein Sturm, der es umstürzt, zerbricht und zerstört. Ich arbeite langsam von unten her, indem ich das Fundament aufweiche. Es wird keinen dramatischen Einsturz und Zusammenbruch geben, nur ein allmähliches Einsinken der Wände, ein langsames Untergehen. Für eine Weile wird das Haus mit seinem Inhalt in mir ruhen, dann wird es im Laufe der Zeit verwesen und zu einem Teil von mir werden. An der Stelle, wo es gestanden hat, werden Gräser und Pflanzen wachsen.

DAS HAUS

Ich bin das Haus. Ich werde von einer Familie bewohnt. In mir stehen viele Möbel und Einrichtungsgegenstände. In mir gibt es Bilder und Bücher. In mir wird gelebt, gespielt und getanzt.

Ich liege im Venn. Um mich herum ist Venn, eine reizvolle und schöne, wenn auch herbe Landschaft. Um mich herum stehen Bäume. Ich weiß von keiner Straße. Ich stehe offenbar allein.

Die Besitzer wollen wohl meine Böden reparieren. Aber es geht nicht nur um die Böden. Das gesamte Fundament ist mit Wasser vollgesogen. Ich kann nicht mehr lange stehen bleiben. Die Wände neigen sich schon ein wenig. Ich werde langsam versinken.

Was soll ich dazu sagen? Ich verspüre nicht den Drang, es aufzuhalten, obwohl ich den Bewohnern ein Dach und ein Zuhause biete. Sogar meine Kellerböden sind mit blau-weißen Mosaiken geschmückt. Das ist für Kellerböden nicht selbstverständlich. Normalerweise bestehen sie aus nacktem Beton. Der Raum, der einen so schönen Boden hat, aber am meisten durchtränkt ist und jetzt in der Mitte einsackt, erinnert mich an unterirdische Tempelräume. Er ist übrigens leer.

Die Tatsache des Versinkens tut mir nicht weh. Ich nehme sie hin. Ich bin dabei eher gelassen und unbeteiligt.

DIE BESITZERIN

Ich bin die Besitzerin des Hauses. Ich wohne mit meiner Familie in diesem Haus. Wir haben festgestellt, dass Wasser durch die Fußböden dringt. Wir wollen das jetzt reparieren lassen. Wir haben ja mit Wasserschäden schon viel Erfahrung. Nun bin ich mit jemandem im Keller und stelle fest, dass der weiß-blaue Mosaikboden sich in der Mitte bereits senkt, wenn man drauf tritt. Es ist offensichtlich, dass das gesamte Fundament mit Wasser vollgesogen ist. Es gibt keine Rettung für das Haus, wenn es nicht mit einem Kran aus dem Venn gezogen wird. Das aber ist für uns gar nicht bezahlbar. Das heißt, unser Haus wird versinken. Vielleicht hat es bereits begonnen zu sinken.

Es ist so unwahrscheinlich. Ich bin weder verzweifelt, noch unglücklich, noch wütend. Eher überrascht. Ich denke zwar wie immer, aber mein Gefühl ist anders. Habe ich Gefühle? Welche Gefühle? Ich taste. Ich frage mich, was werden soll und kenne die Antwort nicht.

DAS WASSER

Ich bin das Wasser. Ich bin ein sehr wichtiger Bestandteil des Venns. Ich mache es überhaupt erst zum Venn. Ohne mich wäre es nur ein normaler Erdboden. Ich bewirke die Weichheit und Nachgiebigkeit des Grundes. So können Körper und Menschen wie in einem Mutterschoß versinken. Ich bin der Bestandteil des Venns, den nichts aufhalten kann. Ich dringe in die winzigsten, fast unsichtbaren Ritzen ein. Widerstand hält mich nicht auf. So ergreife ich geduldig Besitz von dem, was fest ist, was mich abwehren will. Ich durchdringe es und löse es auf. Ich verbinde mich mit ihm so eng, dass wir etwas Neues werden. Auch wenn ich fast unmerkbar bin, meine Kraft ist größer als die des stärksten Steins. Erst wenn ich mein Werk getan habe, wird es in seiner Wirkung sichtbar. Erst dann erkennt man auch meine Macht.

Dialog zwischen zwei Traumanteilen: Haus und Besitzerin

HAUS AN BESITZERIN

Es war schön für mich, im Venn zu stehen. Ich war gerne deine Heimat und dein Rahmen. Ich hatte nichts dagegen, dass du mich formtest. Und habe jetzt nichts dagegen, zu versinken. Glücklicherweise werde ich nicht brutal zerstört. Ich bleibe fast unversehrt. Als Ganzes wird mich das Venn eine Weile in seiner Tiefe erhalten, bis es allmählich in mein Inneres eindringt und mich auflöst. Dir wird es erspart bleiben, die Zerstörung mit anzusehen. Ich werde einfach verschwunden sein – wie vom Erdboden verschluckt. Wohl nicht ganz plötzlich. Du wirst mich – wie ein Schiff – langsam sinken sehen. Aber das wird etwas Friedliches an sich haben. Ich hoffe, dass du es so erleben kannst. Was dich daran hindern könnte, ist deine Sorge, wo und wie du ohne mich leben kannst.

Aber es war zu erwarten. Der Moorboden ist eben kein fester Boden. Wir erleben hier natürliche, logische Konsequenzen eines bestimmten Handelns. Du wirst dir ein neues Zuhause suchen müssen. Es wird anders sein als das alte. Doch du weißt ja, ich war dir oft zu klein, trotz meiner relativen Größe. Ich war schon eingerichtet, trotzdem hast du mich oft umgestaltet. Du wolltest mehr gestalten, als ich dir bieten konnte. Manchmal habe ich dir nicht genügt. Jetzt hast du die Chance, etwas ganz Neues zu beginnen – sobald du meinen Verlust verwunden hast.

BESITZERIN AN HAUS

Ohne dich bin ich heimat- und obdachlos. Das hat Ausmaße, die ich noch nicht fassen kann. Denn mich beschäftigt vor allem das, was hier geschieht und mir gerade klar geworden ist: Du bist für mich verloren. In dir habe ich nicht nur gelebt, du warst mein Leben. Warum bin ich so ruhig? Warum fühle ich keinen Schmerz, keine Verzweiflung? Das Ausmaß des Geschehens wird mir bewusst, aber ich spüre es nicht. Du bist mein Rahmen, mein Dach, mein Zuhause, und doch habe ich bereits die neue Realität akzeptiert. Oder noch nicht? Wird der Kummer erst kommen? Eines ist sicher: Ich werde dich verlieren.

Dank

Nach unzähligen Gesprächsrunden mit Jutta entstand dieses Buch.

Das Manuskript wäre ohne ihre Hilfe nicht entstanden. Sie hat es konzeptionell und inhaltlich mitgestaltet.

Daher mein besonderer Dank für ihr Engagement, die vielen Stunden und Wochen der Korrekturen und der Auswertung meiner Texte sowie die anregenden Ideen zur Gestaltung des Buches.

Ursprünglich wollte ich das Buch mit meiner Frau gemeinsam veröffentlichen. Sie war jedoch der Meinung, nur mein Name gehöre auf das Cover. Es ging zwar auch um unsere gemeinsame Geschichte, im Wesentlichen aber um meine Biographie. Sie habe mich nur in Wort und Inhalt unterstützt.

Wir kennen uns seit 45 Jahren. Sie weiß mehr über mich als meine Eltern. Sie war mir lebenslang eine Stütze – in Beruf und Privatleben. Einerseits ist sie meine Kritikerin, andererseits die Schokoladenseite meines Lebens.

Mein herzlicher Dank gilt auch Gisela Hinsberger für die Zeit, die sie meinem Buch geschenkt hat. Sie gab mir wertvolles, kreatives und konstruktives Feedback. Ich neige dazu, hauptsächlich Fakten und Daten zu vermerken. Sie schlug vor, diese mit emotionalen Erlebnissen farbig zu gestalten.

Bei einem Glas Wein hatte ich die Möglichkeit, mit Dr. Wiechmann über mein Buch zu sprechen. Er hat mir einige gute Vorschläge unterbreitet, die ich aufgenommen habe.
Dank gebührt ihm auch für seinen freundschaftlichen Beitrag.

Dank gebührt ferner den Freunden und Bekannten, die vorweg die Mühe auf sich genommen haben, das Manuskript mit kritisch wohlwollendem Auge zu lesen. Sie alle steuerten noch wertvolle Hinweise bei.

Hasmukh Bhate
Simmerath 2010

Literaturempfehlungen

Emma Brunner-Traut, Die fünf großen Weltreligionen, 1974.

Ruth Koser-Michaels, Märchen der Brüder Grimm, 1939.

Armin Krenz, Kinder spielen sich ins Leben. Der Zusammenhang von Spiel- und Schulfähigkeit, WWD 2001, Ausg. 75, 8-9.

Brigitte Roser, Das Ende der Ausreden, 2008.

Christine Weber-Herfort, Das Medium der Selbstwahrung. Tagebücher und ihre heilende Wirkung auf die Psyche, „Psychologie Heute", Heft 11, Jg. 36, 2009.

Bildverzeichnis